· 中小学生科学阅读文库 ·

神奇的条形码

《中小学生科学阅读文库》编写组　组编

南京师范大学出版社
NANJING NORMAL UNIVERSITY PRESS

图书在版编目（ＣＩＰ）数据

神奇的条形码 / 《中小学生科学阅读文库》编写组
组编. — 南京 ： 南京师范大学出版社，2012.6
　　（中小学生科学阅读文库）
　　ISBN 978-7-5651-0737-5

　　Ⅰ．①神… Ⅱ．①中… Ⅲ．①条形码－青年读物②条
形码－少年读物 Ⅳ．TP391.44-49

中国版本图书馆CIP数据核字(2012)第078191号

书　　名	神奇的条形码
组　　编	《中小学生科学阅读文库》编写组
责任编辑	刘自然　周　璇
出版发行	南京师范大学出版社
地　　址	江苏省南京市宁海路122号（邮编：210097）
电　　话	(025)83598412　83598297　83598059(传真)
网　　址	http://www.njnup.com
电子信箱	nspzbb@163.com
照　　排	南京凯建图文制作有限公司
印　　刷	扬中市印刷有限公司
开　　本	787毫米×960毫米　1/16
印　　张	6.75
字　　数	81千
版　　次	2012年6月第1版　2012年6月第1次印刷
印　　数	1～4 000册
书　　号	ISBN 978-7-5651-0737-5
定　　价	13.00元

出 版 人　彭志斌

科学是什么？

就科学的外延来看，有自然科学、社会科学和人文科学三大门类。这是广义上的科学，我们这里讲狭义上的科学，指自然科学。自然科学主要是以求取自然世界的"本真"为目的的。由此我们不难发现科学的价值在于"求真"——使我们尽可能地认识最客观的世界，不仅是表面的世界，而且是内在联系着的，具有各种规律的世界。进而可以推演出科学的另一个价值——改变和创造，人类可以根据正确的认识和内在的规律创造出先进的生产力。正是科学的发展，带来了日新月异的变化、翻天覆地的奇迹。千百年来，人们为科学的这种无与伦比的力量而震撼，为科学应用所创造的奇迹而惊讶，为隐身于世界内部的各种科学规律而吸引，为探究规律过程中的种种曲折而痴迷，为发现或者贴近规律而喜悦。

科学史研究之父萨顿在其所著《科学史和新人文主义》中文版序言中说："（人们）大多数只是从科学的物质成就上去理解科学，而忽视了科学在精神方面的作用。科学对人类的功能绝不只是能为人类带来物质上的利益，那只是它的副产品。科学最宝贵的价值不是这些，而是科学的精神，是一种崭新的思想意识，是人类精神文明中最宝贵的一部分……"萨顿告诉我们科学不仅仅是科学知识本身，在某种程度上，科学更重要的价值是科学思想、科学方法和科学精神。中国科学院院长路甬祥概括了科学精神的内涵，包括"理性求知精神、实证求真精神、质疑批判精神、开拓创新精神"等四个方面。事实就是这样，人不是知识的容器，他不可能掌握所有的知识、认识所有的真理，然而科学思想、科学方法和科学精神却能引领一个人一步步接近真理，而且能够使他正确地运用科学，使科学为人类造福，而不是走向反面。

这些综合起来就是当下社会所倡导的人的科学素养。科学素养不仅关系到公民个体生存发展的方方面面，还关系到一个民族、一个国家的未来。人民日报曾经发表过一篇社论，社论说："公众素养是科技发展的土壤。离开了这个群众基础，即使我们能够实现'上天入地'，也很难持续不断地推动创新。"提高公众的科学素养是我们当下较为紧迫的任务，而教育应该是完成这一任务最为主要的途径。欣喜的是，我们的教育已经关注到了这一点。新修订的《义务教育初中科学课程标准》明确指出："具备基本的科学素养是现代社会合格公民的必要条件，是学生终身发展的必备基础。科学素养包含多方面的内容，一般指了解必要的科学技术知识，掌握基本的科学方法，树立科学思想，崇尚科学精神，并具备一定的应用它们处理实际问题、参与公共事务的能力。"应该说，这是对科学素养的一种立体诠释。

问题在于我们的学校科学素养教育应该如何开展？仅凭学校开设的自然和科学，甚或数理化等课程是不够的，即便这些课程已经尽力关注并安排了科学思想和科学精神的内容，但限于课时、限于课程结构体系，无法让学生在完成课业目标的同时从科学认知走进科学情意，也无法让学生在学习知识方法的同时加强科学价值观的培养，学生甚至难以体会到科学精神在日常生活中的应用，更不用说在社会生活中的应用了。南京师范大学出版社推出的《中小学生科学阅读文库》当是一个有益的尝试——让学生在阅读中享受科学的乐趣，在潜移默化中感悟科学思想，在不知不觉中培养科学精神，当然，也在赏图悦读中学到科学知识。从这套读本的编排可以看到策划者以及作者对人文、科学和教育的理解与热忱、投入与功力。我相信，有了这样的读物，这样的尝试，一定会给科普工作打开一扇新的窗口，对素质教育也是一件非常有益之事。

我深深相信，一定会有更多的科学工作者、教育工作者、出版工作者联起手来，投身到科学素养教育的事业中来。

是为序。

江苏省科学技术协会副主席　冯少东

目　录
Contents

真理是严酷的，我喜欢这个严酷，它永不欺骗。

——泰戈尔

泰戈尔(Tagore，Rabindranath)，印度著名诗人、文学家、作家、哲学家，1913年获得诺贝尔文学奖。

1 神奇的"人造树叶"

植物的叶子能轻易地利用阳光，将足够的材料转变为富含能量的分子。可是你见过科学家制造的树叶吗？它没有粗细不等的叶脉，取而代之的是各种电子元件；它也没有心形、扇形或是菱形等形状，而是像一张扑克牌那样单薄；甚至于，它连普通树叶常见的颜色也没有，看上去就像一块亮晶晶的遮光板，但它却能像树叶那样进行光合作用。2011年3月27日，美国麻省理工学院的科学家公布了他们研发的人造树叶。在众人的瞩目下，一片人造树叶被放入3.7升水中，在阳光下迅速地产生了相当于发展中国家一个家庭一天所需求的能源。

人造树叶

事实上，"人造树叶"是一个技术概念，并不专指某一片叶子。这种技术主要是模拟真实植物的光合作用原理：用人工材料制成小巧轻薄的片状，浸泡在水中，经过太阳光的照射，水被分解为氧气和氢气，这些气体储存起来可用于发电。所谓的"树叶"，只是一块高级的太阳能电池。

中国科学家也在进行这项研究。上海交通大学的科学家们用中国特有的植物——打碗碗花做实验，先找到自然树叶收集阳光的结构，再研制一种在功能上替代这种结构的化学物，为这片叶子贴上了"中国制造"的标签。遗憾的是，这个成果没有进入实用领域，不是因为造价太昂贵，就是因为其不稳定易锈蚀。

如果"人造树叶"能够实现产业化，将会为未来的人类提供大量的清洁能源，从而解决人类所面临的能源危机，尤其是它能帮助发展中国家的贫困家庭用上便宜、清洁的电能，从而实现电力的自给自足。

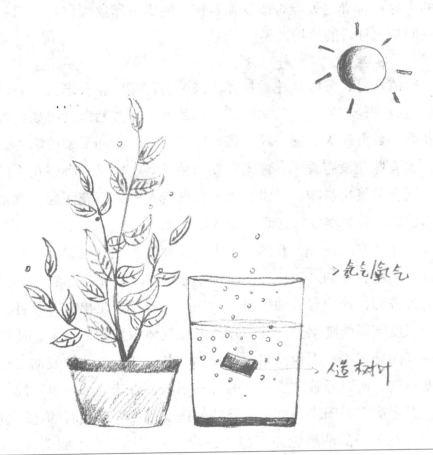

>氢气/氧气

>造树叶

科学真是太神奇了。多读书，你会有更多神奇的发现。向大家介绍一下你在阅读中的发现吧！

2 神奇的植物

在人们的眼中，植物都是一些只有叶绿素，没有神经，没有感觉的生物。然而事实上大自然中的植物却是千奇百怪的，这些奇异之处能否改变你对植物的固有印象呢？让我们带着些疑问步入神奇的植物世界！

一、花香之谜

时值八月，阵阵桂花香扑鼻而来，若你循着花香走去，一定会在附近找到桂花树，那些缀满枝头的黄色小花竟然散发出如此浓烈的花香。数九寒天，插一枝蜡梅在案头上，你会闻到缕缕幽香。不过，也有些花没有香味，像喇叭花、菊花等。而且，有些花不但不香，还会散发出臭味，如世界上最大的花——大王花闻起来就是臭的，连蜜蜂、蝴蝶也对它们避之唯恐不及。

为什么有的花香，有的花不香或反而发臭呢？关键在于花朵中有没有制造香味的"工厂"——油细胞。这个"工厂"制造具有香气的芳香油，这些芳香油可以通过油管不断地分泌出来，并且在一定的温度下还能随水分一起挥发，变成气体散发到空气中，使诱人的香气四处飘飞，人们又叫它挥发油。各种花含有的挥发油品种和浓度不同，所以导致散发出来的香气不同，香味的浓淡也不同。此外，温度适宜，阳光适度，芳香油就挥发得更快，此时的花香也就更浓。花朵中的油细胞并不都是香的。少数油细胞不制造芳香油，而分泌出臭的挥发油，上面所说的大王花就是属于这一类。而有的花没有味道，是因为在这些花朵里并没有油细胞，当然也就不可能散发出香气（或臭气）了。

花香除了供人类品味，还可以引来昆虫，帮助传送花粉，以便更好地繁殖。臭花也有它的崇拜者，那就是酷爱臭味的潜叶蝇。

二、仙人掌之谜

水是植物的命根子。但在异常干旱的热带和沙漠地区，有一种耗水极少的仙人掌类植物，它们有着得天独厚的抗旱本领，能够战胜那里的骄阳和热风，把热带和沙漠点缀得更加壮观美丽。

仙人掌

有人曾做过一个试验：把一棵37.5千克重的仙人球放在室内，一直不浇水。过了6年，那棵仙人球仍然活着，而且还有26.5千克重。仙人掌是怎样节约用水，抵抗干旱的呢？为了减少蒸发的面积，节约水分的"支出"，仙人掌的叶片已经慢慢地退化成了针状或刺状，绿色扁平的茎也披上了一件非常紧密的"外衣"——角质层，里面还分布着几层坚硬的厚壁组织，这样就有效地防止了水分的散发。更有趣的是，仙人掌表皮上的下陷气孔只有在夜晚才稍稍张开，这样便大大地降低了蒸发速度，可以防止水分从身体里跑掉。

三、指南树指向南极之谜

东南亚各国有一种常见的印度扁桃树，树的外形十分奇特，它的树枝与树干形成直角，而且只向南北两个方向生长。人们可以根据树枝的方向来辨别东西南北，故有"指南树"之称。在非洲东海岸马达加斯加岛上，也生长着一种"指南树"。树高约8米，树干上长着一排排细小的针叶。不论这种树长在什么地段、什么高度，它的细小针叶总是指向南极。出没于森林中的人总是靠这种树来确定

方向，所以伐木者都不愿砍伐这种神奇的怪树。然而这些树为什么有辨别方向的能力，至今仍令人不解。

四、植物的感觉之谜

植物并不像人们所想的那么无知无觉。事实上，科学家现在正逐渐意识到植物是复杂的生物体——它们可以看到东西，有嗅觉、触觉，也许还有听觉。

触觉植物是适应自然环境的能手。最著名的食肉植物捕蝇草在进化过程中具备了触觉，所以当昆虫掠过它的"触须"时，它的"下巴"就会合上，不幸的昆虫就成了瓮中之鳖。有17个科，大约1 000多种植物是有触觉的。它们的这种反应能力十有八九是从细菌——所有植物的祖先那里继承来的。细菌可以通过产生微弱的电信号对刺激作出反应。

捕蝇草

视觉植物还有"看"的本事。它们也许没有眼睛，但是格拉斯哥大学的分子生物学家加雷思·詹金斯通过实验证明：植物组织内含有光敏色素蛋白质，它们可以"分辨"光的强弱。这种能力很可能使植物看到我们视力所看不到的波长，并具有较高的灵敏度。植物能感觉到光照射过来的方向，光的方向使植物知道早上什么时候该"醒来"，同样也能促使植物额外分泌栎精和堪非醇这两种无色色素，这两种色素能滤出强烈的阳光，并发挥"遮光剂"的作用来保护植物免受强烈的紫外线β的照射。

植物有触觉，也看得见，还能听见声音。莫迪凯·贾菲教授通过向矮豆植株不断播放70分贝～80分贝——比普通的人声略高的"颤声"，使这种植物的生长速度加快了一倍。

大自然中的植物还有许许多多神奇的表现，既有我们熟知的，也有连科学家都无法解释清楚的，而这些疑惑的解决只是时间问题。我们只要继续努力，不间断探索的步伐，终究会揭开植物的神秘面纱！

　　简短的几个未解之谜一定让同学们意犹未尽，也许你们还想了解更多：植物是否进行睡眠？能否预知未来？……请同学们闲暇之余阅读《未解之谜》等书籍，去感受植物的神奇！

3 植物"淘金"法

如果有人告诉你，小麦或玉米里含有黄金，或者说，作物的禾秆可以变成黄金，你一定会认为这是天方夜谭。但在科学家眼里，什么都是宝贝，没有他们办不到的事情。

眼下，美国得克萨斯大学的两位研究人员就在从事从植物里提取黄金的研究和开发工作。可喜的是，这种"淘金"法还能帮助人们清除环境污染。

美国得克萨斯大学的米盖尔·亚卡曼博士和乔治·加尔迪·托里斯德博士经过潜心研究，找到了从小麦、紫花苜蓿，特别是从燕麦里提取黄金的方法。他们说，只用一种简单的溶剂就能把人工栽培的作物变成宝贵金属。

不过，这两位科学家奉劝人们，千万别以为这样可以发大财，从而放弃了目前的工作，转而大规模种植紫花苜蓿，弄不好可会亏本的。因为用这种方法"开采"，获得的黄金数量非常微小，而且这种黄金既不是我们所能看到的金锭，也不是金块，而是一种黄金粒子，其直径只有数十亿分之一米。

这两位科学家的"淘金"方法是基于植物具有吸收金属的能力这一原理。他们认为，这种方法不失为一种从土壤里开采黄金的廉价办法：让生长在土壤里的植物为正在迅速兴起的纳米技术提供所需要使用的黄金。

现任得克萨斯大学化学系主任的乔治·加尔迪·托里斯德博士

说，这是研究人员第一次报道活的植物能够形成这种微型金块，从而为制造纳米粒子开辟了一条"崭新的令人鼓舞的道路"。他认为，目前制造黄金纳米粒子的方法不但投资巨大，而且制造过程会产生化学污染，对环境保护极为不利。

在当今生物学研究中，黄金粒子被用来作为研究细胞生长过程的一种标识物。在纳米技术中，它还被用作纳米级电子电路的电触点（electrical contacts），如果能够从植物中提取出这种黄金粒子，那将"既经济又有利于保护环境"。

事实上，科学家早就知道植物能够从土壤里吸收金属。植物能吸收各种有毒化合物的这一性能，还使得人们把植物当做一种生物吸尘器，用来清除受到砷、TNT和锌以及具有放射性的铯等污染的场地。

从事这项研究的亚卡曼博士是一位化学工程教授，他两年前从墨西哥来到美国得克萨斯大学。他说，从紫花苜蓿里提取黄金的方法是人们在治理墨西哥城污染的努力中发现和形成的。他在墨西哥担任墨西哥国立自治大学物理研究院院长期间，就同加尔迪·托里斯德博士一道，研究利用植物清除受到铬严重污染的场地。他们对植物进行分析后惊奇地发现，金属在植物里并不是像人们所想象的那样处于分散状态，而是以纳米粒子团的形式沉积在植物里，就像电子工业中的量子点那样，于是这两位科学家和他们的同事们很快就从清除污染研究的项目转移到了纳米技术研究的领域。

植物的贡献远不止于此，它还能用于勘探黄金。来自澳大利亚、加拿大和巴布亚新几内亚的研究人员在热带地区发现，植物里的黄金浓度，即含金量的多少，可以作为在土壤里寻找新的黄金的一种直接标记。特别是当土壤被火山爆发后的尘埃和灰烬覆盖，不能对土壤进行直接取样测试时，依靠植物勘探黄金就显得特别有用。

得克萨斯大学的科学家利用紫花苜蓿进行了有关实验，他们让这种植物的种子在富含黄金的人工生长介质里生长发芽。依靠 X 射线和电子显微镜，他们不但在这种植物的幼芽里观察到了黄金，而且还欣喜地发现，这些黄金还形成了他们所希望的那种形式——纳米粒子黄金。

在他们看来，提取黄金并不困难，只要利用溶剂将有机物质溶解，剩下的就是完整的黄金。初步的试验表明，黄金粒子虽然是以不规则的形态出现，但是只要改变生长介质的酸性，黄金粒子的形态就会变得整齐一致。

自美国化学学会的《纳米快报》首次报道了他们的研究成果后，这些科学家还对从植物里提取其他金属进行了试验。他们利用植物"制造"了银、铕、钯和铁的纳米粒子。现在他们正在"制造"用于磁记录的铂离子。他们认为，要达到批量生产规模，可以通过在室内富含金的土壤里或者在废弃的金矿场地上种植植物的方法获得纳米粒子。他们还利用小麦和燕麦进行了对比试验，结果表明，燕麦是最理想的"淘金"植物，它的产出超过了紫花苜蓿。

> 植物的这种"淘金"功能，对治理环境污染有什么重要意义？植物除了能"淘金"外，还能帮我们发现各种污染情况，有些植物还能告诉我们时间，想想神奇的植物们还有哪些功能呢？

4 各式仿生发明

随着科学日新月异的发展，人类的科技成果似乎越来越脱离原始的大自然，但事实并非如此，科学家的诸多重要科研成果与自然界中的动物习性有着密切联系。比如，模拟大象鼻子制作的机器人手臂、利用蝙蝠声波导航系统研制的"声波手杖"等。以下是几款源自动物灵感的设计发明。

模仿大象鼻子的机器人手臂

机器人总是受到当时计算机发展水平的限制。不过，随着计算机技术的持续发展，它们可以为机器人的动作设计越来越复杂的计算。右图这种设计或许可以让机器人拥有更灵活、更柔韧的动作：一个根据大象鼻子的特点设计出来的新型仿生机器处理系统——"仿生操作助手"。"仿生操作助手"由德国费斯托公司研制，它可以平稳地搬运重物，原理在于它的每一节椎骨都可以通过气囊的压缩和充气进行收缩和扩展。

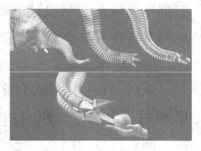

机器人手臂

"蝙蝠"太阳能侦察机

蝙蝠竟会成为美国新型军事监控侦察装置的设计灵感来源，美国军方委托密歇根大学工程系的科学家研制了该系统。目前，这款"蝙蝠"太阳能侦察机

太阳能侦察机

全长15厘米，双翼设计颇似蝙蝠的翅膀，侦察机前端的透明结构是太阳能电池板。据称，这款太阳能侦察机仅使用1瓦功率便能获取大量的侦察数据。

子弹头列车设计灵感来自翠鸟的喙

翠鸟从空中一头扎入水中，不会溅起任何水花，这主要归功于它那特殊形状的喙。日本工程师们意识到，同样的形状可以解决日本超高速子弹头列车所面临的一个烦人问题。此前，这种列车

翠鸟和子弹头列车

在驶离隧道时会产生音爆现象。列车在高速行驶中，前部"鼻子"形成的风墙不仅会产生巨大的噪音，而且还会减慢列车的速度。而根据翠鸟喙部形状设计的新型列车"鼻子"可以消除这些问题，帮助列车提高20%能效。

模仿蝙蝠声波导航功能的声波手杖

众所周知，蝙蝠可以在漆黑的空间里利用超声波、回声自由飞行，超声波、回声可以帮助它们定位障碍物的位置。声波手杖就是模仿了蝙蝠的声波导航功能研制而成的，它可以警示盲人路上遇到的障碍物。每一根声波手杖上都

声波手杖

拥有无数的传感器，甚至可以帮助盲人发现比头部还要高的障碍物。

　　大自然是人类赖以生存的母体,人类的发展进步离不开大自然的庇护。在科学领域同样如此,科学家和工程师的很多发明创造都是从大自然身上获得灵感的。同学们,你们还知道哪些仿生发明,快和小伙伴们一起分享吧。

5 鸟眼引出的发明

鸟 在自然界中有着重要的地位，它们不仅是人类的朋友，而且还维系着自然界的平衡，仅它们的眼睛就给科学家许多启发，促使他们搞出多项发明创造。

鸽子与"电子鸽眼"

鸽子的视觉非常发达。科技工作者通过生物电流测试，发现鸽子的视网膜按照不同的功能分为6种不同的神经细胞，它们分别对进入眼睛的外界景物产生不同的反应。鸽眼的这种特殊构造和功能，引起科学家的广泛关注。

鸽与鸽眼

在鸽眼的启示下，科学家用光电管和人工神经元制成了"电子鸽眼"，它能够快速检测经过眼前的物体的运动速度、方向、大小及形状。将这种电子鸽眼安装在机场上，能大大提高指挥系统的工作效率，从而能够防止飞机碰撞事故。

鹰眼与"电子鹰眼"

老鹰眼睛的敏锐度在鸟类中名列第一，是人眼的8倍，而且它们的视野非常开阔，双视的视角可达320°。翱翔于2 000米高空的老鹰，能发现地面上小至黄鼠这样的目标。

鹰眼

科学家根据鹰眼的构造和视觉原理，研制出类似鹰眼的搜索和探测系统，即"电子鹰眼"这一先进仪器。它不仅能使飞行员的视觉得以扩大，视敏度得以提高，而且还能帮助提高地质勘探、海洋救生等工作的效率。

猫头鹰与夜视仪

猫头鹰的夜视能力确实大大超过人类。要知道，高等动物的眼球内部有视网膜，视网膜上有两种感光细胞：一种叫视锥细胞，可以感受强光，白天看东西主要是这种细胞发生作用；另一种叫视杆细胞，能感受弱光，黄昏和夜间看东西，主要是它在起作用。人眼视网膜上的细胞主要是视锥细

猫头鹰

胞，而猫头鹰的主要是视杆细胞。因此，猫头鹰对弱光的感觉特别灵敏，在漆黑的深夜也能看见东西。

猫头鹰眼的构造和视觉功能，使科学家深受启发，他们根据猫头鹰眼的视觉原理，研制出了夜视仪。夜视仪的用途非常广泛，并能促进多种技术的发展。

夜莺与导航仪

候鸟体内有一套完备的"天然导航仪"，能随时识别太阳和星星的方位，所以即使飞行2万千米也不会迷失，科学家们据此研制出了导航仪。

　　本篇文章向我们介绍了仿生学的相关知识。仿生学是指模仿生物研制技术装置的科学。仿生学研究生物体的结构、功能和工作原理，并将这些原理用于工程技术之中，发明性能优越的仪器、装置和机器，创造新技术。仿生学的问世开辟了独特的技术发展道路，它大大开阔了人们的眼界，给人类的科研工作带来许多启示，显示了极强的生命力。

6 动物如何看世界

过去我们认为动物看到的世界和人类看到的一样生动、活泼，现在却发现，不同种类的动物所看到的世界不尽相同。每一种动物都有自己独特的处理视觉信息的方式。

一、螃蟹

螃蟹有一对独特的复眼，视角能转180°。有趣的是，螃蟹的眼珠下面连着一根眼柄，能自如伸缩。万一其中一只眼球受损，它还能长出一只新的眼球来。如果把它的眼柄切断，它又能在眼窝里长出一根很有用的触角，弥补缺眼的不足。这在动物界也是罕见的。

二、变色龙

变色龙有两只炮塔般的眼睛，可以独立转动，两只眼睛可以看不同的方向，它看到的东西多得令人难以想象。变色龙顶着一双完美的眼睛，悠闲地坐在那儿审视着世界，它所看到、所感知的世界究竟是什么样的呢？对我们而言这依然是个谜。

三、青蛙

青蛙对运动中的物体能"明察秋毫"，对静止的物体却"视而不见"。但这不是蛙眼的缺陷，而正是其长处。蛙眼有四种感觉细胞，即四种检测器。青蛙看东西时，先显示出四种不同的图像，接着四种图像重叠在一起，最后得到一个鲜明的立体图像。青蛙在捕食前蹲着不动，一旦得到立体图像，就会一跃而起。蛙眼就像一个活雷达，根据这种原理制成的电子蛙眼，能够有效地跟踪敌机和导弹。

四、猫

相对于身体，猫有哺乳动物中最大的眼睛。猫眼非常灵敏，很容易察觉周围的异动。猫眼还有超级强大的夜视能力。猫的瞳孔在昏暗中可扩大至眼球表面的90%，一点微弱的光亮就足够它们觅取猎物。

五、猫头鹰

猫头鹰的眼睛占到脸部一半以上的面积，而且总是睁得大大的，这是因为猫头鹰缺乏环状肌，无法收缩瞳孔，但它们生有能使瞳孔放大的放射状肌。猫头鹰的视角可达110°，而视角有70°就已经非常敏锐了，不过，猫头鹰非凡的夜视能力是以牺牲彩色视觉换取的。

许多鸟儿都有360°的视域，能及时发现身后的猎物或敌害，猫头鹰则是个例外，其视域相对较小，只能看见前方的物体，而且眼睛在眼窝里根本无法活动。作为一种补偿，猫头鹰的颈椎骨数量是普通动物的两倍，这使得它们的头能不可思议地旋转270°，补偿了两眼视野较窄的不足。

六、鲨鱼

鲨鱼的视觉非常敏锐，其眼睛构造表明它们是远视眼。但是，鲨鱼经常在海底寻找猎物，在漆黑一团的海底它们是怎样做到的呢？这时鲨鱼的另一种感觉器官就派上了用场，这就是它们的"第三只眼"——一个位于头部区域的电感受器。这个器官对水中的微弱电流非常敏感，能感受到十万分之一伏特的电流。鲨鱼通过这个器官来捕猎和进行导航定位。

不看不知道，一看吓一跳。千万不要用人类的眼光去揣测动物的心思噢，因为它们的眼光与我们不尽相同。那么除了眼睛外，它们的耳朵、鼻子等还有哪些独特之处呢？

7 动物也是利用工具的高手

科学家们曾经将"工具利用"作为定义人类的标准之一。不过，越来越多的研究发现，在动物王国里，不管是在陆地、空中还是海洋，都有擅长利用工具的高手，如黑猩猩、乌鸦、海豚等。对这些动物行为的研究，或许有助于探索人类起源之谜。

一、黑猩猩

在非洲的一个远古黑猩猩聚居区里，考古学家发现了石制锤头等工具的化石，而这个黑猩猩聚居区大约可以追溯到4 300多年前。研究人员认为，黑猩猩主要利用这些石制锤头来砸坚果。现在这种行为仍然能够在那个地区的黑猩猩身上看到。黑猩猩还会使用长矛捕猎其他灵长类动物。

二、大象

大象可以说是世界上最聪明的动物之一，而且它们的大脑也比陆地上的其他动物大得多。人们发现，动物园中的大象有时会有意识地将木棍或石块扔到电铁丝网上使其短路。它们还会用嚼烂的树皮做成圆球，盖住水坑以防止其他动物将水喝光。此外，亚洲象还会使用经过自己特别处理的树枝来为自己驱赶苍蝇。

三、乌鸦

科学家们发现，乌鸦和它们的近亲都拥有一颗不同于寻常鸟类的大脑，它们会巧妙运用树枝、树叶甚至它们自己的羽毛和喙部，将这些演变成合适的工具。许多乌鸦都会利用喙部把嫩枝

"削成"钩状物，还会将树叶啄成尖尖的工具来引诱藏在岩缝中的昆虫。

四、海豚

澳大利亚鲨鱼湾的一群海豚会用嘴巴含住海绵来搅动海底的泥沙，从而使猎物现形。科学家们认为，海豚利用工具捕食猎物的历史可能很久远。

五、章鱼

在动物世界里，章鱼是近期才被发现会利用工具的。它们会把椰子壳当做自己的盔甲或避难所。有的章鱼把椰子壳顶在身体的上方，八只脚露在椰子壳之外，在海底缓缓爬行。有的则把两半椰子壳合成贝壳状，然后把自己的整个身体都缩于其中。当遇到捕食者攻击时，这些椰子壳就是它们的避难所。

六、八齿鼠

八齿鼠是南美栗鼠的一种小型近亲。日本科学家在实验中发现，八齿鼠不仅仅会使用木棒和石头修饰自己的洞口，而且还会使用耙子获取食物。

读了上面的文章，也许我们再也不能认为工具是人类的专用物品了。动物们使用工具的本领还真的不能小看。

8 龙卷风成因之谜

在美国俄克拉荷马州阿得莫尔市曾经发生过这样一件怪事：两匹马拉着一辆大车在路上行走，车夫坐在车上，由于天气闷热，他打起了瞌睡，突然一声巨响把他惊醒。他睁眼一看，两匹马和一根车辕都已经无影无踪了，而自己和车子却安然无恙。

俄克拉荷马州的一对夫妇也遭遇了这种离奇事。在1950年的一个晴朗的夏日，他们躺在床上休息，一声刺耳的巨响赶走了睡神。他们俩起来看了一看，没有什么异常，以为这声音是梦中听到的，于是重新又躺了下来。但是，他们忽然发现他们的床已被弄到荒无人烟的旷野，周围没有任何建筑物，也没有牲畜。只有一只椅子还留在他们的旁边，折叠好的衣服仍好端端地摆在上面！

据说这些怪事的罪魁祸首是龙卷风。

一、龙卷风形成

龙卷风多发生在高温、高湿的不稳定气团中，气团中的空气扰动得十分厉害，上、下温度差相当悬殊。悬殊的温度差使冷空气急剧下降，热空气迅速上升。上、下层空气对流速度过快，从而形成许多旋涡。由于上、下层空气交替扰动，这些小旋涡逐渐扩

2009年美国圣约翰河上
出现的水龙卷

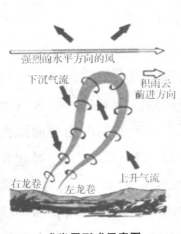

龙卷风形成示意图

大，再加上激烈的震荡，就形成了从云层底部下垂的漏斗状的云柱及其伴随而来的非常强烈的旋风。这时，它中心气压极低，中心附近气压梯度极大，产生强大的吮吸作用。龙卷风把地面或水中的物体，如：银币、青蛙、黄豆、铁、虾，还有血淋淋的牛头吸上天空，带到远处。当龙卷风的力量消失时，这些东西落到地面上，就形成了文献上记载的银币雨、青蛙雨、黄豆雨、铁雨、虾雨，甚至还有血淋淋的牛头从天而降的现象。

当漏斗伸到陆地表面时，把大量沙尘等物质吸到空中，形成尘柱，称陆龙卷；当漏斗伸至海面时，便吸起高大的水柱，称水龙卷或海龙卷。龙卷的袭击突然而猛烈，产生的风是地面上最强的。

二、龙卷风特点

龙卷风的袭击范围小，其直径一般在十几米到数百米之间，在极少数情况下才达到1千米以上。龙卷风的持续时间短，往往只有几分钟，最多几个小时。龙卷风出现的随机性大，仅仅靠常规的气象监测手段很难预报。龙卷风的脾气极其粗暴，在它所到之处，吼声如雷，犹如飞机机群在低空掠过。龙卷风的风速巨大以致人们无法测定，因为任何风速计都经受不住它的摧毁。估计在一般情况，风速可能在每秒50米至150米之间，极端情况下，甚至会达到每秒300米或超过声速。极大风速每小时可达150千米至450千米。

把高于音速的龙卷风比喻为一个魔术师一点也不为过。1896年，美国圣路易市发生过一次旋风，使一根松树棍轻易穿透了一块1厘米左右厚的钢板。在美国明尼苏达州，1919年也发生了一次旋

风，使一根细草茎刺穿一块厚木板，而一片三叶草的叶子竟像楔子一样，被深深嵌入了泥墙中。

三、龙卷风危害

在强烈龙卷风的袭击下，房子屋顶会像滑翔翼般飞起来。一旦屋顶被卷走后，房子的其他部分也会跟着崩解。龙卷风的强大气流还能把上万吨的整节大车厢卷入空中，把上千吨的轮船由海面抛到岸上。在美国，龙卷风每年造成的死亡人数仅次于雷电。它对建筑的破坏也相当严重，经常是毁灭性的。1925年3月18日，一次有名的"三州旋风"遍及密苏里、伊利诺伊和印第安纳三个州，损失达4 000万美元，死亡695人，重伤2 027人；1967年3月26日上海地区出现的一次强龙卷，毁坏房屋1万多间，拔起或扭折22座抗风力为12级大风两倍的高压电线铁塔；1970年5月27日一个龙卷风在湖南形成后经过沣水，在沣水的江心卷起的水柱有30米高、几十平方米大，河底的水都被吸干了。

1879年5月30日下午4时，在堪萨斯州北方的上空有两块又黑又浓的乌云合并在一起。15分钟后在云层下端产生了旋涡。旋涡迅速增长，变成一根顶天立地的巨大风柱，在三个小时内像一条孽龙似的在整个州内胡作非为，所到之处无一幸免。最奇怪的是在开始的时候，龙卷风旋涡竟然将一座新造的75米长的铁路桥从石桥墩上"拔"起，把它扭了几扭然后抛到水中。事后专家们认为，这次龙卷风旋涡壁气流的速度已高于音速，其威力异常巨大。

四、龙卷风之谜

但是使人十分不解的是关于麦

发生在美国佛罗里达州的龙卷风暴

蒂希布农妇谢莱茹涅娃和她儿子的事情。龙卷风将她、她的大儿子和婴儿吹到一条沟里，而她的次子彼佳被刮走不见影踪了，直到第二天才在索加尔尼基市找到了他。尽管他吓得魂不附体，但丝毫未受损伤。令人奇怪的是，他不是顺着风向，而是逆着风被吹到索加尔尼基市的。

美国佛罗里达州的一个小镇
在龙卷风过后的狼藉景象

尽管人们早就知道龙卷风是在很强的热力造成的不稳定的大气中形成的，但对它形成的物理机制，至今仍没有确切的了解。有的学者提出了内引力——热过程的龙卷成因新理论，但是用它也无法解释冬季和夜间没有强对流或雷电云时发生龙卷风的情况。龙卷风有时席卷一切，而有时在它的中心范围内的东西却完好无损；有时它可将一匹骏马吹到数公里以外，而有时却只吹断一根树干；有时把一只鸡的一侧鸡毛拔光，而另一侧鸡毛却完好无缺，产生龙卷风这些奇怪现象的原因更是令人莫测。

龙卷风的风速究竟有多大？没有人真正知道，因为龙卷风发生与消散的时间短，作用面积很小，以至于现有的探测仪器没有足够的灵敏度来对龙卷风进行准确的观测。相对来说，多普勒雷达是比较有效和常用的一种观测仪器。多普勒雷达对准龙卷风发出微波束，微波信号被龙卷风中的碎屑和雨点反射后被雷达接收。如果龙卷风远离雷达，反射回的微波信号频率将向低频方向移动；反之，如果龙卷风越来越接近雷达则反射回的信号将向高频方向移动，这种现象被称为多普勒频移。接收到信号后，雷达操作人员就可以通过分析频移数据，计算出龙卷风的速度和移动方向。为了制服龙卷风，预测龙卷风，人们正努力探索龙卷风形成的规律，以解开这个自然之谜。

　　科学的作用是让我们能更好地认识自然，从而能更好地改造自然，为人类造福。龙卷风长期以来一直是个谜，当这个自然之谜解开之后，必然为人类预测龙卷风、制服龙卷风提供可能。这就是科学的价值与魅力所在。虽然人类已进入21世纪，但面对宇宙、地球、微观世界、生命本身等，还有大量谜团有待解决，科学界遗留下了很多"硬骨头"，需要一个能"打破常规"的"第二个爱因斯坦"头脑，去解决一个个自然之谜，让我们这个世界变得更和谐、更美好。这就是科学给我们带来的快乐。

9 恐龙之谜

恐龙曾是地球历史上"称王称霸"的动物，生活在中生代两亿年前，于6 500万年前突然灭绝，它所遗留下的骨骼化石，成为研究的重要资料。恐龙属于爬行动物，对于后来地球动物的形成有重要影响，因此研究恐龙的意义十分重大。

一、恐龙是冷血动物吗

恐龙是冷血（变温）动物，还是温血动物？目前生物学界有两种截然不同的观点。

持"冷血动物"观点的学者主要的根据是，恐龙和现在的爬行动物一样，属于比较低等的动物，如鳄鱼、青蛙、蛇都是典型的冷血动物。这些动物的体温随着外界温度的变化而升降，可以节省体能的消耗，它们不需要有强有力的心脏维持血液循环，也不需要皮肤上有汗腺。大部分冷血动物都有"冬眠"的特性，当外界温度偏低时找一个温度适宜的洞穴休眠，防止体温降到0℃以下，不然会冻僵死掉。

主张恐龙是"冷血动物"的学者遇到了问题：难道恐龙也要"冬眠"吗？那么庞大的身躯躲到哪里安身呢？冬眠期间的安全问题怎么解决？如果不"冬眠"，寒冷的冬季是冷血动物最难熬的季节，恐龙是如何度过漫长的冬季的呢？另外，即使是冷血动物，体温过高或过低时，都缺乏活力，比如鳄鱼在35℃左右温度时才能活动自如。那么，庞大的恐龙依靠什么达到最佳温度呢？如果也依靠晒太

阳，这很难自圆其说，经推测最重的恐龙达80吨，如此庞然大物，依靠晒太阳升温，必须不断转动巨大的身躯，晒完一面再晒另一面，简直无法想象！何况恐龙为了生存需要不断吃东西，食量非常大，不可能整天懒洋洋地晒太阳。

因此，另一些学者提出恐龙是"温血动物"，体温恒定，就像现在的大象。根据进化论学说，有一种恐龙是飞鸟的祖先。恐龙也下蛋，和鸟一样，最近从挖掘出的恐龙化石发现恐龙有软组织羽毛的痕迹，而鸟类都是温血动物，体温恒定，羽毛是为了御寒。这种学说似乎也有道理。

可是"温血动物说"遇到的更大的麻烦，仍是恐龙巨大身躯引起的难题，最大的恐龙身高9米以上，身长20米以上，重量达80吨，需要一颗多么硕大的心脏，才能推动如此大量的血液，维持血液循环满足身体各部位的需求！即使是最简单的恐龙血液循环系统，一经画出，也立即被人们断然否决，动物界绝不可能有如此威力的心脏能为其供血。

"温血动物说"遇到的另一个难题，就是"血压"问题。长颈鹿能将血液压到离地4.5米高处的头部，其血压是人类的2~3倍。长颈鹿心脏既大又厚，泵血有力，可直接将血液送到高处。有趣的是，当它低头至地面时，颈动脉的"阀门"会自动调节血量，保持低头时头部血压的稳定，因而长颈鹿既不会出现"脑缺血"，也不会发生"脑出血"。

而恐龙身高达9米，比长颈鹿还要高一倍，需要多高的血压？需要什么样的动脉"阀门"？生物学家也难以回答。至今"温血动物说"的科学家也无法解释恐龙到底是如何保持"恒温"的。

恐龙是"冷血动物"，还是"温血动物"？至今仍无定论。谁也无法自圆其说，但是这个课题十分重要，对于研究恐龙的生活和灭绝有着至关重要的意义，人们正在等待，希望不久的将来能揭开这一"自然之谜"！

二、恐龙是什么颜色的

传统的观点是"色彩暗淡论"，研究者将恐龙参照大象的肤色来复原。理由很简单，恐龙身躯与大象一样庞大笨重，为了保护自己，皮肤一定较厚而颜色一定暗淡。的确是这样，动物过于臃肿庞大时，毛色、肤色都比较单调灰暗。有人提出恐龙不是哺乳动物，而是卵生爬行动物，那么就看看凶恶的鳄鱼吧，颜色也非常单调，大型爬行动物都没有绚丽多彩的颜色。这种观点是大多数学者坚持的，也有一定的说服力，因此在自然博物馆和大型科幻电影中，臃肿庞大的恐龙都是土黄色或灰绿色，没有艳丽的色彩花纹。

向传统观点挑战的是"色彩鲜艳论"。他们认为，远古时期恐龙是当时地球的霸主，没有必要保护自己。这些学者的主要论据是与"鸟类"有关。有一种学说证明，鸟类的祖先就是恐龙。恐龙虽然早已灭绝，而通过进化发展的鸟类却繁衍至今。鸟类世界色彩斑斓，那么，它们的老祖先恐龙也应该有鸟类的基本特征，有如孔雀般美丽的羽毛。

两种观点针锋相对，谁也说服不了谁，于是出现了第三种调和意见。这种观点提出，大型恐龙是色彩单调暗淡的，而中小型恐龙则是多色彩的；食草恐龙的色彩是土黄或草绿色的，而食肉恐龙是色彩斑斓的；在同类恐龙中，雄性恐龙是色彩鲜艳的，而雌性恐龙是色彩单调的。这好像是在说绕口令，目前恐龙是什么颜色还没有权威的结论。

或许你能对恐龙的种类如数家珍；或许你对"冷血动物说"表示不敢苟同；或许你对恐龙的灭绝津津乐道……假如你想知道更多，请千万不要停止探寻的脚步。

10 神秘的"地下王国"

家喻户晓的秦始皇，因完成国家统一大业而名垂千古，又因实施暴政留千古骂名。秦王朝只存在了15年，可皇帝制度、皇帝意识影响了中国几千年。不仅秦始皇的身世、生平、功过引人注目，就连坐落在骊山脚下的秦始皇陵墓也因众多未解谜团而备受关注。

据史书记载：秦始皇嬴政从13岁即位时就开始营建陵园，由丞相李斯主持规划设计，大将章邯监工，修筑时间长达38年。工程之浩大、气魄之宏伟，创历代封建统治者奢侈厚葬之先例。在这里出土的兵马俑举世闻名。那些略小于真人的陶俑形态各异，连同他们的战马、战车和武器，成为现实主义的完美杰作，同时也显示了极高的历史价值。

始皇陵是一座充满了神奇色彩的"地下王国"。那幽深的地宫谜团重重，地宫形制及内部结构至今尚不完全清楚，千百年来引发了无数人的猜测与遐想。

一、谜团一：幽幽地宫深几许

司马迁说始皇陵"穿三泉"，《汉旧仪》则言"已深已极"，说明深度挖至不能再挖的地步，那么至深至极的地宫究竟有多深呢？

神秘的地宫曾引起华裔物理学家丁肇中先生的兴趣。他利用现代高科技推测秦陵地宫深度为500米~1 500米。现在看来这一推测近乎天方夜谭。假定地宫挖至1 000米，超过陵墓位置与北侧渭河之

间的落差，不仅地宫之水难以排出，甚至会造成渭河之水倒灌秦陵地宫的危险。在古代由于受技术所限，要在水下施工实为不易，并且如果地宫位于地下水位之下，地下水长期渗透，定会使地宫遭受"浸"害，秦始皇及其皇陵的设计者不可能不考虑到这一点。当然这些都不过是推测，具体情况如何，还有待考古勘探进一步考证。

二、谜团二：为什么用那么多的泥人泥马来陪葬

有人认为，秦始皇陵实质上是按古代礼制"事死如事生"的要求特意设计的。因为秦始皇即位后，用了大部分的精力和时间进行统一全国的战争。当时他率领千军万马南征北战，并吞了六国，统一了天下。为了显示他生前的功绩，以军队的形式来陪葬似乎是一种必然。

兵马俑

大多数学者认为秦兵马俑是秦始皇陵的一部分，反映的是秦始皇生前的军事情况，秦俑坑大批兵马俑的军事阵容，正是秦始皇统治下强大的军事实力的形象记录。

也有学者认为，兵马俑军阵就是为始皇帝送葬的俑群。究竟建造兵马俑军阵是出于何种目的，一时还没有确证。

三、谜团三：自动发射器

秦始皇在墓室防盗方面也苦费心机。《史记》记载，秦陵地宫"令匠作机弩矢，有所穿进者辄射之"。指的是这里安装着一套自动发射的暗弩。如果记载属实的话，这是中国古代最早的自动防盗器。

秦代曾生产过连发三箭的弓弩，而安放在地宫的暗弩却是一套自动发射的弓弩。2 200多年前的秦代何以制造出如此高超的自动发

射器也是一个谜。

四、谜团四：秦始皇陵为何坐西向东

据专家研究，陵墓的朝向为坐西向东。这是一个奇特的布局。众所周知，我国古代以朝南的位置为尊，历代帝王的陵墓基本上都是坐北朝南的格局，而统一天下的秦始皇，为什么愿意坐西向东呢？

有人认为，秦始皇生前派遣徐福东渡寻觅蓬莱、瀛洲等仙境，寻求长生不老之药。可惜徐福一去杳无音讯，秦始皇亲临仙境的愿望终成泡影。生前得不到长生之药，死后也要面朝东方，所以秦始皇陵也坐西向东。

也有人认为，秦国地处西部，为了彰显自己征服东方六国的决心，秦王嬴政初建东向的陵墓，为了使自己死后仍能注视着东方六国，始皇帝矢志不改陵墓的设计建造初衷，所以现在我们看到的陵墓是东西朝向。

还有人认为，秦始皇陵坐西向东，与秦汉之际的礼仪风俗有关。也许，秦人对他们的葬式有着特有的解释。这一切都有待进一步研究考证。

秦始皇陵显示出的智慧和力量让人叹为观止，而庞大地宫的无穷魅力更令人心驰神往。怪不得法国前总统希拉克甚至将秦始皇陵誉为"世界第八大奇迹"。假如你有机会亲临神秘的"地下王国"，你将会关注哪些谜团？又将会做怎样的探索？

11 让声音定向传送

当你在一家安静的食品店内转悠，经过一条过道时，一个声音突然在耳边响起："口渴吗？买瓶饮料吧。"于是，你在饮料架前停了下来，但你身旁却别无他人，一两米之外的售货员似乎没有听到任何声音。这是怎么回事？

说起来似乎很简单：当时你刚好站在一个声波圆柱体内。

如果说扬声器发声的方式，就像电灯泡发射光线一样，向四面八方传送，那么定向发声器就类似于聚光灯，发射出的是一束声波。这束声波由超声波构成，在通常情况下，人类无法听到超声波，但当超声波与空气相互作用时，就能发出人耳听得到的声音。用数学方式描述这些相互作用，工程师们就能让一束超声波发送人声、音乐甚至任何一种声音。

早在20世纪60年代，军事和声呐研究人员就想利用这一原理，但只能产生高度失真的声音信号。1998年，麻省理工学院的约瑟夫·庞佩提出一种方法，能大大降低失真度。后来，他设计了一个放大器、一些电子装置和扬声器来产生超声波，据庞佩介绍，这种超声波非常"纯净"，可以产生清晰的声音。他给这一技术注册了"音频聚光灯"的商标名，并于1999年在美国马萨诸塞州沃特敦创办了"全方位应用声学公司"。庞佩的竞争对手、发明家伍迪·诺里斯的美国技术公司也推出了一种相应的产品——高超音速声波。

庞佩的扬声器安装在他所创办的"全方位应用声学公司"的大

厅内，而且还在很多地方巡回展出。当参观者站在展品或电视屏幕前面，讲解员进行解说时，不会给这些房间添加任何噪声。一些百货公司已准备安排一些零售展销活动，汽车制造商也摩拳擦掌，准备利用这些产品，让乘客只会听到自己喜欢的音乐。生活中，它的用处也很大。在客厅中，倾斜支架上的扬声器能让老爸一个人听到电视发出的声音，而其他家庭成员坐在沙发上安静地读书，丝毫不受影响。

也有人持反对意见，他们认为在某些情况下，耳机也有类似的功能，而且这种装置还存在一些缺点，例如汽车座椅对超声波会有反射作用，时常产生回声。不过，定向发声器走向大众的主要障碍是成本过高：一些产品的成本在600美元~1 000美元之间，甚至更高。如果价格能够降下来，用户就有可能考虑购买定向发声器。

"声音定向传送"这个话题也许我们从来没有想象过，但是，它已经变成了现实。

12 新型电池显神通

干电池、铅蓄电池是我们常见的电池，也是电池家族中的"老前辈"。可是随着时代的发展，传统的电池已经越来越不能满足现代技术发展的需要。于是各种性能优异的新型电池诞生了。

阳光电池能利用太阳能发电，常常被使用在人造卫星和宇宙飞船上。这种电池是用硅等半导体材料做成的，阳光照射在这些半导体材料上，会有四分之一光线直接转化成电流。所以，人造卫星和宇宙飞船不需要装备沉重的发电机，只要让阳光电池受到阳光的照射，就能不断地发电了。科学家曾这样设想：要是在地面上每座房子的屋顶都用"硅瓦"（阳光电池）盖成的话，那么屋里的电灯、电炉，都不愁没电用啦。可惜，阳光电池价格昂贵，目前还很难普及。

银锌蓄电池，可说是铅蓄电池的"同行"，它们是电的"小仓库"，能储存电，也能放出电。不过，银锌蓄电池比铅蓄电池要高明得多：银锌蓄电池"胃口"很大，能够容纳比铅蓄电池大四至五倍的电量。这样，银锌蓄电池就可以做得很小、很轻便。另外，铅蓄电池只能细水长流地缓慢放电，如果放电过大，会使它受到损伤。而银锌蓄电池就不这么娇气，可以大量放电。在人造卫星和宇宙飞船上使用银锌蓄电池，可以不断存储阳光电池发的电，随时满足各种仪器设备的用电需求，同时又不至于增加多少重量负担。

锌汞蓄电池用氧化汞做正极，锌片做负极，中间夹着一层电糊，这一整套全都装在一个小小的钢盒子里。乍一看你还会以为是颗纽扣哩！怪不得它被人们称作是"纽扣电池"。锌汞蓄电池的电压很平稳，寿命又极长，用十几年也不会坏。摄影闪光灯、小型录音棒、助听器，还有许多军事设备和科学仪器上所用的电，都可以通过锌汞蓄电池供给。

燃料电池能将燃料中的化学能直接转换为电能，不需要进行燃烧，也没有转动部件，理论上能量转换率为100%，实际发电效率可达40%～60%。这种电池不但能量转换效率高，而且洁净、无污染、噪音低，可以直接进入企业、饭店、宾馆、家庭，实现热电联产联用，没有输电输热损失，综合能源效率可达80%。它的容量可小可大：小到只为手机供电，大到可以和目前的火力发电厂相比，非常灵活。从20世纪60年代开始，氢氧燃料电池广泛应用于宇航领域，从80年代开始，各种小功率燃料电池在宇航、军事、交通等各个领域中得到应用。

核电池又叫"放射性同位素电池"，可以分为热转换型核电池及非热转换型核电池两种。热转换型是运用会放出大量热能的同位素，透过热电效应或光电效应来生产电力。而非热转换型核电池则使用同位素衰变时放出的 β 粒子，也就是直接用电子来发电。核电池已成功地用于航天器的电源、心脏起搏器电源和一些特殊的军事领域。

随着科学技术的飞速发展，人们对电池的要求越来越高，各种性能更优异的新型电池将不断被研制出来。

电池技术研究是一个十分诱人的领域,它必将会越来越深入地影响到人类社会生活的方方面面。你平时都了解哪些电池呢?从身边的手机、手表中去找一找吧!

13 科技奥运带来的 "鸟巢"与"水立方"

科技奥运是北京申奥时提出的三大理念之一。

"鸟巢"能容纳91 000名观众同时观看体育比赛，它是世界上最大的钢结构建筑体育馆，钢结构最大跨度达343米。

鸟巢

"鸟巢"的看台外观，设计得像只大碗，采用的是环抱赛场的收拢结构，上下层之间部分交错，观众不论坐在哪里，都和比赛场地中心点之间的视线距离一致。它还运用流体力学原理，模拟出91 000名观众同时观赛的自然通风状况，让所有观众都能享有同样的自然光和自然通风，听到同样清晰的场内广播。尤为突出的是，设计师人性化地为残障人设计了200个轮椅位置，轮椅位置的高度略比普通席高，设计巧妙，极其科学。

"水立方"是世界上最大的膜结构工程，建筑外围采用世界上最先进的环保节能ETFE（四氟乙烯）膜材料。

膜结构建筑是21世纪最具代表性的一种全新的建筑形式，已成为大跨度空间建筑的主要形式之一。它集建筑学、结构力学、精细化工、材料科学与计算机技术为一体，是一种具有标志性的空间结

构形式。不仅体现出结构的力量美，充分表现出设计师的设想，还让置身于其中的观众享受到大自然的浪漫空间。

"水立方"整体建筑由 3 000 多个气枕组成，气枕大小不一、形状各异，覆盖面积达 10 万平方米，堪称世界之最。除了地面之外，外表都采用了膜结构。安装成功的气枕将通过事先安装在钢架上的充气管线充气变成"气泡"，整个充气过程由电脑智能监控，并根据当时的气压、光照等条件使"气泡"保持最佳状态。

水立方

这种像"泡泡装"一样的膜材料有自洁功能，可使膜的表面基本不沾灰尘。即使沾上灰尘，自然降水也足以使之清洁如新。此外，膜材料具有较好的抗压性，人们在上面"玩蹦床"都没问题。"水立方"晶莹剔透的外衣上面还点缀着无数白色的亮点，被称为镀点，它们可以改变光线的方向，起到隔热散光的效果。

"水立方"占地 7.8 公顷，却没有使用一根钢筋、一块混凝土。其墙身和顶棚都是用细钢管连接而成的，有 1.2 万个节点。只有 2.4 毫米厚的膜结构气枕像皮肤一样包住整个建筑。这些气枕中最大的

一个约 9 平方米，最小的一个不足 1 平方米。跟玻璃相比，它可以透进更多的阳光和空气，从而让泳池保持恒温，能节电 30%。

科技与钢铁的坚强有力结合，便是"鸟巢"；科技与水的柔美舞蹈，便是"水立方"。"鸟巢"和"水立方"是我国科技发展的见证，是中华民族智慧的象征。

14 上海世博园场馆最新科技运用

德国馆的外墙使用的是网状的、透气性能良好的革新性建筑布料，其表层织入了一种金属性的银色材料。这种材料对太阳辐射具有很高的反射力，就像建筑外墙之外的第二层皮肤，能为

德国馆

展馆遮阳。同时，网状透气性的织布结构能防止展馆内热气的聚积，可减轻展馆内空调设备的负担。世博会结束后，德国馆总共约1.2万平方米的这种革新性建筑布料可被再利用，可以改制为小块遮阳罩，也可以加工制成提包等。

意大利馆的主题是"理想之城，人之城"，造型亮点是"功能模块，方便重组"。整个展馆由20个功能模块组合而成，代表着意大利20个大区市，形象地展现了该国经典传统城市的格局，每一座城市都浸润于丰富的人文精神之中，无愧"人之城"的称号。"人之

意大利馆

城"不仅在设计上新颖别致，它还采用了一种最新发明的多样化材料——透明混凝土作为它的建筑材料。透明混凝土是在传统混凝土中加入玻璃质地成分，利用各种成分的比例变化达到不同透明度的渐变。光线透过不同

玻璃质地的透明混凝土照射进来，营造出梦幻的色彩效果，而自然光的射入也减少了室内灯光的使用。意大利馆还提出生态气候的策略。在冬天利用太阳能辐射保温，在夏天则利用自然的空气气流和水流降温，热风通过自动调节系统排除，可以降低建筑内部的温度。控制辐射的同时，热能又能集中在带有光电集成模块的透明玻璃上，可以充分节约电能。设计师还为意大利馆特别设计了一些像"刀锋"一样的切口，让它们轻轻地"悬挂"在展馆的三条边线上，并穿透到其内部。正是这种大胆设计不仅使场馆的外形富于现代性和动感，而且还可以将外部光线反射到馆内提高馆内照明效果，并与中央大厅一起形成一条通风走廊，调节场馆内的温度。

印度馆使用的建筑材料大部分均为可再循环材料。建筑设计中大力推行低能耗的手工材料，鼓励重复利用。采用最先进的制冷与照明系统，实现低能耗高效率。小型风车与屋顶上的太阳能电池充分利用永久性的可再生能源。零化学物质的场馆设计，安全排放无污染。经过工厂处理

印度馆

的再循环水可用于绿化灌溉，雨水收集系统能很好地收集雨水以便再利用。中央穹顶外覆盖着各种草本植物，配以铜质生命之树，楠竹网格与钢筋混凝土的使用织就了一个吸音天花板。太阳能电池板、风车以及穹顶上草本与竹木等建筑元素的运用，充分体现了节能高效的理念。

此外，许多国家馆还运用了诸如雨水的收集与循环利用技术，绿色植物与建筑的融合技术，采光度的扩大、转化和光能技术等。这些新技术的运用不仅能做到节能高效、绿色环保，而且是技术与艺术的自然融合，为我们打开了一片神奇的天地。

　　建筑是一门艺术,更是一门科学。世博会上各国的场馆建造,向人们展示了新材料、新技术的研究成果。

15 太阳帆航天器

太阳帆航天器是一种利用太阳光的压力进行太空飞行的航天器。在没有空气阻力的宇宙空间中，太阳光光子会连续撞击太阳帆，使太阳帆获得的动量逐渐递增，从而形成加速度。"宇宙"1号航天器就是依靠这一动力，达到很高的飞行速度。它依赖导弹冲出稠密大气层之后，凭借太阳帆提供的推力在太空中运行了一段时间。在此飞行过程中，它最快时能达到每秒7.9千米的第一宇宙速度。

太阳光实质上是电磁波辐射，主要是由可见光和少量的红外光、紫外光组成。光具有波粒二象性，光对被照射物体所施的压力称为光压。光压的存在说明电磁波具有动量。在太空中，远离了大气，又不存在影响光压的介质，太阳帆上每平方米获得的光压是$4.7×10^{-3}$牛顿。"宇宙"1号的太阳帆面积为530.93平方米，由光压获得的推力为2.5牛顿。

如果太阳帆的直径增至300米，其面积则为70 686平方米，由光压获得的推力即为333牛顿。根据理论计算，这一推力可使重约0.5吨的航天器在200多天内飞抵火星。若太阳帆的直径增至2 000米，则它获得的1.47万牛顿的推力能把重约5吨的航天器送到太阳系以外。由于来自太阳的光线提供了无尽的能源，携有大量太阳帆的航天器以每小时24万千米的速度前进，这个速度要比以火箭推进的航天器快4倍~6倍。

科学家认为，如果开发出边长200米、密度为每平方米1克～5克的帆，许多远距离探测将成为可能。如果帆的密度降到每平方米1.5克，阳光在帆上产生的推力即可与太阳的引力相平衡。当航天器到达太阳极地上方时，即可长久地在此观察太阳的活动，这是迄今为止人类航天器从未到达的地点。如果将多个位于不同高度的航天器拍摄的太阳图像组合起来，就可以获得太阳的立体图像。

　　如同传统的飞船可以借助行星的引力改变航向并加速一样，帆飞船也可以借助太阳的引力改变航向并通过太阳辐射的推力获得加速。被加速的飞船靠近木星轨道后，太阳的辐射将变得很弱，飞船靠自身的动量继续向太阳系外侧飞行。依靠少量的化学推力，它们或许会降落在一些有趣的地点，如人们一直怀疑有一个海洋存在的土卫二上面等。

　　太阳帆的另一项任务是作为星际探测器，它将首次飞出太阳系，到达离太阳200个天文单位（一个天文单位为地球到太阳的距离）的地方。如要飞向更远的星际空间，就要穿过一个特殊地带。按照爱因斯坦的理论，每一个质量巨大的物体都可以成为一个引力透镜，使其后面的发光体发出的光线发生弯曲。在距太阳550个天文单位的距离时，太阳的引力可使从遥远恒星发出的光汇聚并放大，如果将一个帆动力望远镜放在这一位置，就能够以前所未有的清晰度看到遥远的物体，如围绕银河系中心运行的恒星。

　　太阳帆航天器的最后一项任务是星际旅行。宇航专家们预测，未来的某一天，帆飞船将踏上飞往另一颗恒星的旅程。这将需要边长1 000米、密度为每平方米0.1克的帆。此外，还需要建造一个强力激光器或微波源为飞船提供辅助能量。飞船将依靠绕地球轨道运行的、比太阳光强6倍的强力激光器和一个置于土星和海王星间的面积为美国得克萨斯州大小的巨型聚焦透镜提供能量。这样飞船即

可在太空以1/10光速的速度飞行，在40年时间内即可到达距我们最近的阿尔法半人马座星。

2001年俄罗斯发射了"宇宙"1号航天器，并按预设程序对其飞行性能进行了测试。该航天器被译为"宇宙"1号低轨道卫星，又称"太阳帆"飞船。因为它是世界上首次使用太阳帆作为太空飞行的动力装置的航天器，故而引起了世人的兴趣和关注。此举乃人类航天技术发展史上的首创。

由俄罗斯巴巴金科学研究中心和马克耶夫科学生产企业共同研制的"宇宙"1号航天器主要是用于测试形如花瓣的两个太阳帆能否在太空中顺利打开并产生动力，检验现行方案的合理程度，并为更远距离的航行提供借鉴，探索将来无需大量燃料而进行星际旅行的可能性。安装在"宇宙"1号航天器表面的摄像装置对试验的全过程进行了拍摄。在试验结束阶段，地面控制人员发出遥控指令，启动了航天器上的充气制动装置，使航天器表面被特制的气囊所覆盖。在气囊的制动下，航天器在稠密大气层中的返回速度可降至每秒16米左右。

发射"宇宙"1号时，航天器作为有效载荷盛装在波浪形运载火箭的顶端位置的保护罩内，太阳帆在升空过程中处于折叠状态。这样做是为了减小空气阻力，不然就无法进入太空。当航天器在运载火箭的推动下，进入远地点约1 200千米的太空预定轨道后，按预设程序抛弃保护罩，并缓缓地绽开两个花瓣状、总直径约26米的表面覆盖着铝薄膜的太阳帆。这艘太阳帆航天器在近地轨道飞行约25分钟后，按预定计划返回了地球，并准确降落在俄罗斯东北部的堪察加半岛，飞行距离8 000多千米。这次成功的试验飞行证明，利用太阳光压提供的推力，可以使飞船在太空中航行。

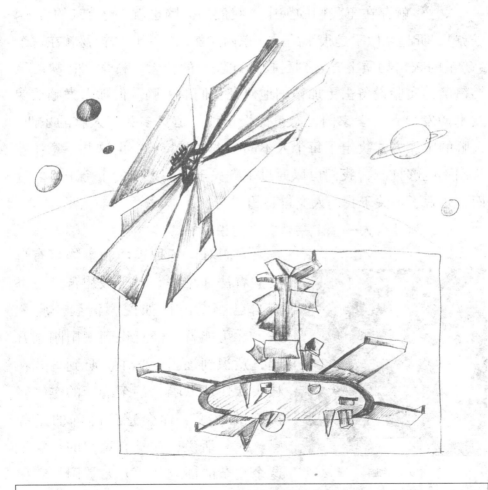

太阳帆航天器是利用了太阳能这种新能源,在你的周围,除了太阳能热水器,还有什么太阳能产品?

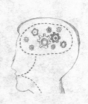

16 不可思议的人脑

人脑是一个让人迷惑的器官，人类身体上的很多难解之谜就存在于我们的脑中。我们的大脑也就3磅重（约合1.4千克），听起来似乎是很小的一个东西，然而，一切的神秘就在这个3磅重的灰白物质上，直到科技如此发达的今天，科学家也缺乏足够精确的实验设备去更加精细地研究我们的大脑。但随着大脑成像技术的发展，科学家们也有可能慢慢地知道更多关于人脑的东西。人脑的工作方式决定了每个人不同的人格和特点，但这并不意味着我们不能够推测，我们可以通过了解关于我们人脑的个个未解之谜而更多地了解关于我们人类自身的东西。

一、为什么人一生下来就有了意识

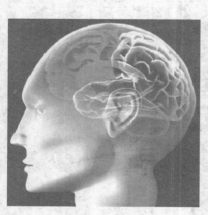

人的大脑

人们对于各种东西和事物都有自己的看法和见解，对于酸甜苦辣也都有自己感觉。比如说，清晨一觉醒来，你可能就已经意识到太阳刚刚升起，意识到该去上学了。听到鸟儿在枝头欢快地歌唱，甚至清新的空气轻拂你的面颊，你会感到阵阵的幸福感。换句话说，你是有意识的。意识这个复杂的话题从一开始就困扰着科学界，对于意识，只有哲学家给出过详细的定义，但意识究竟是什么东西，科学家现在也还解答不了。神经学家甚至把意识作为一门现实的研究课题来研究，在一些大学已经开设有意识学的相关专业。

二、记忆如何产生又怎么会消灭

你在某个特定的时刻通过某些特别的东西就会想起一些以前的东西，这就是记忆。但是为什么大脑会记住那些生活的点滴，甚至在你若干年之后都还记得，而有的则随着时光的流逝渐渐被遗忘？这就是记忆的产生和消失。为什么记忆产生后又会消失呢？现在这还是一个谜题。科学家正在利用大脑成像技术设法弄清楚创造记忆和储存记忆的机械反映。他们发现大脑灰质内部的海马体能充当记忆储存箱的功能。但是这个储存区域的分辨能力并不强，对相同的大脑区域的刺激，可以让它产生真实的和虚假的记忆。为了把真实记忆从虚假记忆中脱离出来，研究人员提出根据背景回忆以加强记忆的方法，如果某些事情没有真正发生过，就很难通过这种方法加强人脑对它的记忆。

三、大脑为何会停止运作

我们不知道大脑为何会停止运作，是因为我们不知道大脑发生了什么，也不知道如何可以让大脑一直运作，以及为何一旦超过运作的时间，大脑的功能就会发生紊乱，人就会生病。1990年，原美国总统老布什声称20世纪的最后十年将是"人脑的十年"，老布什当时的言论意味着接下来的十年对人脑的科学研究将进入一个快速发展的阶段，更多关于人脑的科学论断将会得出。老布什发表这样的声明也是希望科学界尽快弄清楚老年痴呆症、精神分裂症、孤独症和帕金森综合征等这些由人脑诱致的疾病的发作原因，并希望医学界能尽快拿出一个医治的办法。但现在20年过去了，科学界对这些疑难病症还是一筹莫展。为了明白大脑为什么会停止运作，研究人员需要在探讨大脑怎样支配人体各器官工作上面做更多的工作，

尤其是有关大脑的各个系统是怎样在一起协调工作的，这些都是让科学家感到头疼的问题。

四、大脑如何模拟未来

当一位消防队长遇到一场新的火灾时，他能迅速地预测把队员分派到什么位置最好。运行有关未来的这种预案模拟而又不造成实际尝试带来的风险和代价，使"我们的假想"得以"充当我们的替死鬼"。因此，对可能的未来情况的快速模拟，是聪明的大脑十分玄妙的任务之一。但对于大脑未来模拟器如何运行，我们知之甚少，因为神经科学的传统技术最适于在大脑的活动和明确的行为上，而不是在智力模拟之间建立联系。一个可能的想法是，大脑的资源不仅用于处理刺激因素并对其做出反应（看着一只球向你飞来），而且还用于构筑有关外部世界的一个内部模型，并从中提取有关事物的一般趋势的规则（知道球如何在空中移动）。内部模型可能不仅是在接球等肌肉运动中发挥作用，

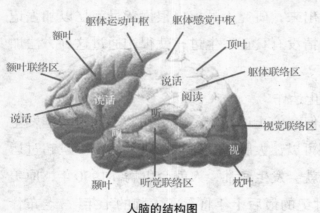

人脑的结构图

而且还在知觉方面发挥作用。例如，视觉就利用大脑中存储的大量信息，而不是仅仅依靠从视网膜中输入的信息。许多科学家近年来都表示，知觉并非简单地凭借通过一个等级体系一点点地积累数据而形成，而是通过使外来的感官数据与内部生成的期望相匹配。但是，一个系统怎样才能学会根据事情做出出色的预测呢？难道记忆仅仅是为了这一目的而存在吗？

五、大脑的专门系统如何相互融合

用肉眼观察，大脑表面的任何部位彼此并无很大差别，但当我们衡量其活动时，却发现在神经系统的不同区域，都隐藏着不同类型的信息。例如在视觉区域内，不同的部位分别处理运动、边缘、面孔和颜色等信息。成年人大脑的情形，如同一幅世界地图。科学家们对这一图形的分裂状况已经有相当充分的认识，结果使我们面对的是形形色色奇怪的大脑网络，它们涉及嗅觉、饥饿、疼痛、目标确定、温度和未来预测等几百项任务。尽管这些系统的功能各不相同，但它们看来却相互密切合作。对于这种情况是如何发生的，大脑是如何这样迅速地协调自己的各个系统的，人们基本上还没有充分的认识。尽管神经细胞电压增量的运行速度是数字式电脑信号传输速度的万分之一，人类却能几乎是即刻就辨认出一个朋友，而在辨认人的面孔方面，电脑却很慢，通常也不成功。具有如此缓慢的零部件的一个器官是如何能够这样快速地运行的呢？从解剖学上讲，大脑没有任何特殊的部位可以让来自不同系统的全部信息都汇聚起来。大脑的各个专门部位全都彼此相连，从而形成一个并行和重复连接的网络。出人意料的是，有关大脑中这样的循环式庞大网络的研究一直没有进行，部分原因大概是，人们比较容易把大脑看做整洁的装配线，而不是动态的网络。

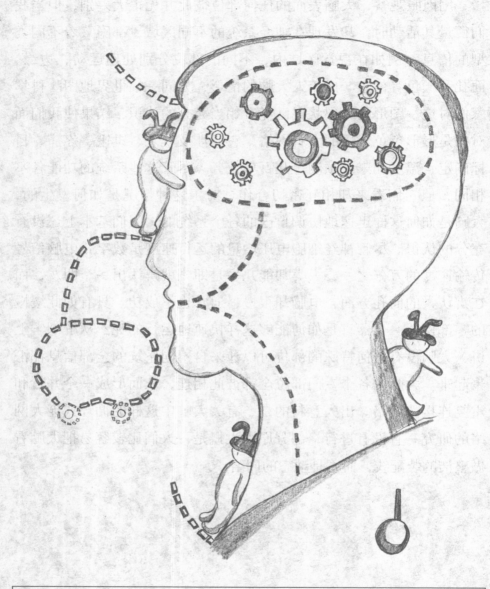

在宇宙中的所有物体中,人脑是最复杂的。人脑中的神经细胞多得如同银河系中的恒星。尽管最近有关大脑和智力的科学进展很耀眼,但在一定程度上,我们仍然是在黑暗中眨眼。然而现在的我们已开始了解神经系统科学的重要谜底,并在解开谜底方面一步步取得进展。

17 基因天书待破译

1909年，丹麦植物学家威廉·约翰森（Wilhelm Johanssen）造出了"基因"一词，将其描绘成一种可令子女遗传父母特质的机制。到20世纪60年代，这一定义因特定原因而发生变化：基因是用以制造蛋白的

DNA片段

DNA编码。十多年前，人类基因组计划成功绘制出第一个人类基因组序列图。自人类基因组计划（HGP）完成以后，生命科学进入"后基因组时代"，生物信息学、计算生物学、系统生物学以及合成生物学等崭新学科不断出现，并得到快速发展。但是，科学家却无法因揭开人类基因组之谜而感到高兴，因为整个故事还有许多疑问。

人类基因组中存在"热点"和大片"荒漠"。在染色体上有基因成簇密集分布的区域，也有大片的区域只有"无用DNA"——不包含或含有极少基因的成分。基因组上大约有1/4的区域没有基因的片段。在所有的DNA中，只有1%~1.5%的DNA能编码蛋白，在人类基因组中98%以上序列都是所谓的"无用DNA"，分布着300多万个长片段重复序列。这些重复的"无用"序列，绝不是无用的，它一定蕴含着人类基因的新功能和奥秘，包含着人类演化和差异的信息。经典分子生物学认为一个基因只能表达一种蛋白质，而人体中存在着复杂繁多的蛋白质，一个基因可以编码多种蛋白质，蛋白

质比基因具有更为重要的意义。似乎，就在我们对人类基因组展开深入探究时，我们才意识到对它们的了解还远远不够。

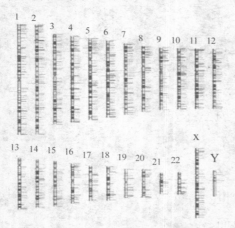

人类第一份完整的个人基因组图

随着对基因与健康关系的逐步了解，人们对于健康概念的理解也发生了一些变化，有学者提出健康合理的生活方式，应该是和个人所拥有的基因特性相匹配的。基因医学专家提出了基因检测，根据基因检测结果，每个人都可以发现自己遗传密码中的薄弱环节。只要在自己的生活中通过不同方式尽量弥补这些不足，仍然可以长期保持健康。比如，与高血压相关的基因——agt基因t／t型的人群对食品中的盐很敏感，携带这种基因的人一天食盐量超过6克，就容易患高血压病。而如果指导这些基因携带者改吃低盐饮食，就很容易避免患病。再如，与乳腺癌相关的brca1基因，这种基因呈阳性的人在65岁时有80%的人会得乳腺癌。假如，携带这种基因的人从18岁起就开始每年做定期的重点专项检查，这样就可以尽早发现癌前病变，通过局部治疗避免乳腺癌的发生。

也许未来的医生可能要开两张处方：一张是针对病人患病所开的传统治疗处方；一张是生活指导处方，即看完他的基因图谱后预见他患不同疾病的风险，然后对风险较高的疾病开出预防措施，指导他合理选择生活方式。这种基于基因的个性化医疗将可能成为未来的发展趋势。在英国，面向社会的全面基因检测制度已经开始施行。欧盟每年有超过70万人次进行基因诊断，建立了700多个基因实验室和900多个基因检测临床研究中心。在加拿大，针对疾病的基因检测已进入医保范围。人们期望通过基因检测能够对高危人群进行早期的有效预防干预，以降低最终的患病风险和治疗成本。

肿瘤治疗药物的基因检测是国内外研究和应用最多的。一方面是因为肿瘤观察疗效需要的时间长，依据疗效调整用药往往会贻误最佳治疗时机；另一方面是肿瘤治疗药物"窗口窄"，易发生毒副作用。目前，一些针对肿瘤个体化治疗的基因检测项目已逐渐用于临床，并切实提高了肿瘤患者靶向及化疗治疗的有效率。

除了外伤性疾病外，其余的疾病都与基因有关系。除了一些单基因遗传疾病外，大多数常见病、多发病，如高血压、心血管疾病、肿瘤等都是多基因疾病。到目前为止，医学家已经发现6 000多种与疾病相关的基因，但能够在临床实践中做出诊断和检测的只有1 100种左右。基因检测作为一项新兴的疾病预测技术，尽管对于单基因疾病的诊断和预测技术已经成熟，但对于很多多基因疾病来说，基因检测不是诊断标准，只是风险预测因子之一。

人类基因组计划结束后，人们仅仅是看到了那两米多长的遗传密码。面对这个密码，人们更想知道它们到底代表着什么，变异基因编码的蛋白会有什么样的不同，不同的蛋白会怎样影响我们的身体等。在后基因组时代，对于基因功能的解读，以及基因转录后编码蛋白质的功能解读，都将是一个硕大无比的工程，未解的谜团比比皆

基因天书待破译

是，而无限的科研资源也蕴藏其中。如今，各国学者都争先恐后地

奔向了后基因组时代，他们把研究目标指向了基因功能的解读。几乎每天都会有2～3个新的与疾病相关联的基因功能被发现、被阐释，然而到什么时候才能真正看清这部天书，谁也说不准。

科学家公布人类基因组计划"工作草图"绘制完成，轰动一时，余波不绝。被称为破译生命天书的基因组计划给我们预测了一个光明的未来：弄清人类各种疾病的根源，破解生命的所有奥秘。将来，修改或替换致病基因应该不是梦想，许多疾病将从地球上消失。不过，如何将每个基因的功能成功破译，仍是待解谜题。

18 物理学的几大困扰

物理学的发展推动了科学技术的发展，而在科技发展如此迅猛的当今，物理学进程则称得上是步履维艰，芝加哥大学天文物理系主任迈克尔·特纳提出了物理学的几大困扰。

困扰1：什么是暗物质？

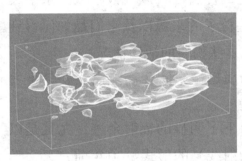

人类拟绘的暗物质三维分布图

科学家研究发现：我们能找到的普通物质仅占整个宇宙的4%，宇宙的大部分是不可见的。宇宙学家和粒子物理学家合作寻找宇宙中的未知物质，他们认为最有可能的暗物质成分是中微子或其他两种粒子：neutralino（中性子）和axions（轴子），这三种粒子都不带电，因此无法吸收或反射光，但其性质稳定，能从创世大爆炸后的最初阶段幸存下来。但这仅是物理学的理论推测，并未实际探测到。

困扰2：什么是暗能量？

爱因斯坦认为，所有物质都会改变它周围时空的形状。对大爆炸剩余能量的研究显示，宇宙有着最为简单的扁平形状，反过来揭示了宇宙的总质量密度。但天文学家在将所有暗物质和普通物质的可能来源加起来之后发现，宇宙的质量密度仍少了三分之二。普通物质和暗物质还不足以解释宇宙的结构，必定还有第三种成分。而

对遥远超新星的观测得到，宇宙扩张速度并不像科学家设想的那么慢，并且扩张速度正在加快。科学家设想有一股普遍的推动力持续将时空结构向外推。他们认为组成宇宙的第三种成分不是物质而是某种形式的暗能量。

困扰3：超高能粒子从哪里来？

由中微子、γ射线、光子和其他各种形式的亚原子榴霰弹形成的宇宙射线无时无刻不在射向地球。就在你读这篇文章的时候，可能正有几个穿过你的身体，宇宙射线的能量如此之大，以至于它们必须在大爆炸的宇宙加速活动中产生。科学家估计的来源是：创世大爆炸本身、超新星撞成黑洞产生的冲击波，以及被吸入星系中央巨大黑洞时的加速物质。了解这些粒子的来源以及它们是如何得到如此巨大的能量的，将有助于研究这些物质的活动情况。

困扰4：是否需要新的光与物质理论来解释高能高温条件下发生的活动？

困扰3中所列举的剧烈活动留下了明显的辐射余迹，尤其是以γ射线（比一般光线能量大得多的射线）的形式。30年前，天文学家就已知道，这些射线的眩目闪烁，即γ射线爆裂，每天都会从天空中随意降落。最近，天文学家已确定了爆裂的位置，并初步推测它们是巨大超新星爆炸和中子星与自身及黑洞的碰撞。

但即使现在，仍没人知道这么多能量在空中环绕时发生了什么变化，物质变得非常热，以至于它以异常的形式与辐射相互作用，而辐射光子能互相撞击产生新的物质。物质与能量的界限开始变得模糊。如果加入磁场因素，物质学家也只能对在这种可怕环境下的活动做粗略的推测。也许现有的理论根本不足以解释这些现象。

困扰5：超高温度和密度之下是否有新的物质形态？

在能量极大的情况下，物质经历一系列的变化，原子分裂成最小的组成部分，这些部分就是基本的粒子，即夸克和轻子。据目前所知，它们不能再分成更小的部分。夸克性质极其活跃，在自然状态下无法单独存在，它们会与其他夸克组成光子和中子，两者再与轻子结合，形成整个原子。

这都是现在科学可以推测的，但当温度和密度上升到地球上的几十亿倍时，原子的基本成分有可能会被完全分离开来，形成夸克等离子体和将夸克聚合在一起的能量，物质学家正尝试在美国长岛的一台粒子对撞机中创造物质的这种形态，即一种夸克—胶子等离子体，在远远超过这些科学家在实验室中所能创造出的更高温度和压力之下，等离子体可能变化成一种新的物质或能量形式，这种阶段性变化可能揭示自然界的新力量。

要使这些力量结合起来，就必须有一种新的超大粒子——规范玻色子，如果它存在的话，就可以使夸克转变为其他粒子，从而使每个原子中心的光子衰变，假如物理学家证明光子能够衰变，那么这一发现就会证明有新力量的存在。

困扰6：宇宙如何诞生？

如果自然界的重力、电磁、强力和弱力4种力量事实上是在几百万摄氏度以下表现为不同形式的几种力，那么大爆炸时期温度极高、密度极大的宇宙中，重力、强力、粒子和反粒子之间就没有什么区别了。爱因斯坦的物质和时空理论是以更普通的水准点为基础的，因此无法解释宇宙初始时炙热的弹丸之地是如何膨胀成今天我们看到的景象的，我们甚至不知道宇宙为什么充满了物质。根据当今物理学的看法，早期宇宙中的能量应该产生了数量相当的物质和反物质，之后它们会互相湮灭，而某些神秘且作用巨大的物理过程使天平倾向了物质，于是足够的物质产生了充满星球的星系。

幸运的是，初期宇宙还留下了一些线索，一个是宇宙微波本底

辐射，这是大爆炸的余晖，几十年来，不管天文学家从宇宙的哪个角度测量，这种微弱的辐射都是一样的，天文学家相信，这种统一性说明，大爆炸是伴随着比光速还快的时空膨胀开始的。

然而，更新的详细观察显示，宇宙本底辐射并不是完全统一的，太空的一小片区域与另一片随机分布的区域有着微小的差别，是不是早期稠密的宇宙中随机的量子波动留下了这些特点呢？

这正是现在促使粒子物理学家和天文学家合作的无限大和无限小的结合的根据，也是为什么这些困扰及难题有望用同一种理论来解答的原因所在。

物理学中这些困扰的解决足够让物理学界忙上一百多年。尽管没有任何悬赏，不过，对任何一个问题的解答都可能获得诺贝尔奖。虽然现在我们的力量还很小，但我们至少对此应该有所关注，也许某个思维的火花就因为这个而迸发，以至于引起无穷的力量。

19 数学王国之难题

数学史上有个20棵树植树问题，几个世纪以来一直享誉全球，不断给人类智慧的滋养与启迪。

20棵树植树问题，源于植树，升华于数学上的图谱学中，图谱构造的智、巧、美又广泛应用于社会的方方面面。20棵树植树问题，简单地说，就是有20棵树，若每行4棵，怎样种植（组排）才能使行数更多？

早在16世纪，古希腊、古罗马、古埃及等都先后完成了16行的排列并将美丽的图谱广泛应用于高雅装饰建筑、华丽工艺美术（见右图）。

进入18世纪，德国数学家高斯猜想20棵树植树问题应能达到18行，但一直未见其发表绘制出18行图谱。直到19世纪，此猜想

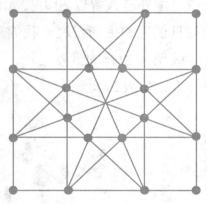

16世纪古希腊、古罗马、古埃及完成的16行排法

才被美国的娱乐数学大师山姆·劳埃德完成并绘制出了精美的18行图谱，而后还制成娱乐棋盛行于欧美，颇受人们喜爱。

进入20世纪，电子计算机的高速发展方兴未艾，电子计算机的普及和应用在数学领域中也大显身手。电子计算机绘制出的数学图谱更是广泛应用于工艺美术、建筑装饰和自然科学领域，数学上的

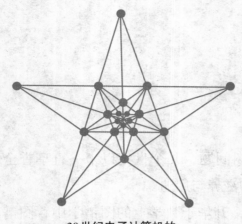

20世纪电子计算机的
杰作——20行排法

20棵树植树问题也随之有了更新的进展。在20世纪70年代，两位数学爱好者巧妙地运用电子计算机超越了数学大师山姆·劳埃德保持的18行纪录，成功地绘制出了精湛美丽的20行图谱，创造了20棵树植树问题新世纪的新纪录并保持至今（见左图）。

乌飞兔走，星移斗转。今天，人类已经从20世纪进入了21世纪，20棵树，每行4棵，还能有更新的进展吗？数学界正翘首以待，国外有人曾以20万美元设奖希望能有新的突破。随着高科技的与日俱进和更新发展，我们期望将来人类的聪明智慧与精明才干能突破现在20行的世界纪录，让20棵树植树问题能有更新更美的图谱问世，扮靓21世纪。

一个看似简单的植树问题，答案却如此复杂。它吸引着无数数学爱好者不断探寻新的答案——这就是数学的魅力！勇于探索的读者，你认为这个问题还会有新纪录产生吗？

20 云遮雾罩UFO

"灵异"事件层出不穷

近期以来，几件颇为"灵异"的事件再次引起人们对UFO的关注。

2009年12月8日晚，在挪威北部，一道蓝光从山后直冲云霄，接着停在半空中开始向四处散播。几秒钟过后，一个巨大的螺旋体笼罩整个天空。随后，一道青绿色光束从螺旋体中心位置射出，在持续了10~12分钟后才完全消失。很多天文专家表示，此现象绝非天文现象，并且无法给出合理解释。不过，随后有人推测，这次光暴是俄罗斯发射洲际导弹爆炸时产生的现象，但俄政府予以否认。于是，挪威光暴事件成为一件无头悬案。

2010年5月上旬，一位俄罗斯女科学家离奇身亡。在她身亡的前一天，她对"外人"解释了挪威光暴事件的始末。她爆料说，光暴是美国进行量子通信产生的，而进行量子通信的目的是为了打开挪威上空的星际之门。让人纳闷的是，在她发表完这番言论的第二天就离奇坠楼身亡。

2010年1月，网络上惊现奇人阿伦·麦科勒姆的言论，他的耸人言论一度使人认为他的精神有问题。他说自己是美国第三代心灵战士，可以操控生物的意志，而在亚丁湾海底约11公里处有一个大型的实验基地，里面进行的是遗传物质的相关研究。据阿伦·麦科勒姆的描述，他自己在这个水下基地工作过。因为某些原因他被抛弃

挪威上空的不明飞行物

了，而且他在基地中的记忆貌似被消除。一开始他的言论让人以为是无稽之谈，但是他预测了2010年亚丁湾附近发生的一些奇异现象，并且得到验证，致使人们开始重新审视他的言论。阿伦·麦科勒姆称，亚丁湾海下的基地同时也是一个星际之门，可以通过这个与外星生命取得沟通。

2010年7月7日晚，杭州萧山机场上空发现不明飞行物，在空中闪闪发光，造成机场封锁一个小时，导致大批航班晚点。有消息说，现场肉眼不能看见UFO，而只有仪器才能看见。此后，网络上不断出现有关萧山机场不明飞行物的视频、照片。不久，京沪专家开始对该事件进行调查。后来有媒体报道，该事件调查结果公布，认为是飞机。

2010年9月27日，美国7名美国空军退役军官和1名研究者在华盛顿全国新闻俱乐部举行新闻发布会，声称美国政府隐瞒了多起不明飞行物（UFO）造访美国军事基地，致使核武器失灵的事实。

UFO至今仍然云遮雾罩

除了上述说不清道不明的"灵异"事件，回顾历史，仅在我国机场和基地上空，就出现过多次UFO典型事件。如：1982年6月18日河北张家口空军机场上空奇异UFO事件、1991年3月18上海虹桥机场上空UFO事件、1998年10月19日晚河北沧州空军机场上空飞碟状UFO事件。

这些UFO典型事件均发生在我国境内，不仅影响范围大，目击者众多，而且有较多质量较高的第一手观测报告，为多角度地探索和深入研究打下了基础。

11月28日，南京紫金山天文台研究员王思潮和刘炎、上海市UFO探索研究中心高级工程师吴嘉禄、北京UFO研究会理事章云华等UFO研究者集结上海天文台，就这些机场和基地上空的UFO典型事件展开了激烈的辩论。

尽管这些UFO研究者所面对的是同一事件，掌握的观测报告也基本相同，但得出的结论却大相径庭：刘炎认为，所谓的UFO是人工飞行器——最有可能是正处于喷火状态的推进火箭产生的，而且是某种人工飞行器在

传说中的"飞碟"

西伯利亚上空爆炸前后所产生的一种特异现象；章云华认为是人们对飞机的误判；王思潮和吴嘉禄认为，是特殊的空间飞行器产生的现象，用人类飞行器难以解释。

据了解，在20世纪以前，较完整的UFO目击报告约有300件。从20世纪40年代末起，不明飞行物目击事件急剧增多，并引起了科学界的激烈争论。持否定态度的科学家认为，很多目击报告不可信，不明飞行物并不存在，只不过是人们的幻觉或是目击者对自然现象的一种曲解；肯定者认为，不明飞行物是一种真实现象，正在被越来越多的事实所证实。

目前，不明飞行物目击事件与目击报告可分为四类：白天目击事件、夜晚目击事件、雷达显像、近距离接触和有关物证，部分目击事件还被拍成照片或者视频。目前，人们对UFO做出的解释主要有：某种还未被充分认识的自然现象；对已知物体或现象的误认；心理现象及弄虚作假；现有科学理论目前无法解释清楚的现象；地

外高度文明的产物。

UFO何日才能云开日出

为什么近60年的探索研究少有重大进展，仍找不到答案呢？

紫金山天文台研究员王思潮说，其重要原因是不少人仍停留在一般性的议论或缺少事实依据和科学依据的"天马行空"上。更何况UFO总是不期而遇，又飘然消逝，出现的时间时常只有几分钟或十几分钟，还未等到打开专业的监测仪器，它就已无影无踪。即使偶然有一个天文台碰巧观测到，但仅靠一个地点的光学观测还是无法确定UFO的飞行高度、飞行方向、飞行速度和"星下点"位置。

据了解，全世界目前约有1/3的国家在开展对UFO的研究。人们对UFO研究的热情非常高，已出版的关于UFO的专著约有350种、各种期刊达近百期。全球已有一大批具有专业背景的专家加入到UFO的探索工作中，有的学者付出了毕生的心血来研究地外智慧生命或文明。我国也建立了数个以科技工作者为主的民间研究团体，还创办了UFO专刊，以科普的形式探索UFO的真相。

著名物理学家、诺贝尔奖获得者丁肇中曾多次在演讲中解释他的观点，"就像在北京下一场倾盆大雨，如果100亿个雨滴中有一滴是彩色的，我们要把它找出来"。作为一种科学研究，探索UFO真相的研究同样不会停止。

　　UFO,不明飞行物,吸引了多少人的眼球,又牵动了多少科学家的心。日常生活中我们需要多留意观察,说不定什么时候就会看到"奇观";我们更要满怀研究的兴趣,说不定叩开神秘之门的钥匙就在我们手里。

21 金字塔的三大奇谜

金字塔是历史的奇迹，也是人类的奇迹。然而对喜爱思考的人来说，惊叹之余还有更大的困惑：远古时代的人们是如何建造这么庞大的建筑的？金字塔的建造，似乎超越了史前人类所能掌握的科学技术。

一、数字之谜

金字塔（指胡夫金字塔，即大金字塔）高 146.59 米，这个数字乘 10 亿，就等于太阳到地球之间的距离。

金字塔的底部呈正方形，底边长 230.37 米，底面周长除以塔高的 2 倍，约等于人所共知的圆周率 π。

金字塔

金字塔的四面朝向为正东、正南、正西、正北，基本方位误差不超过 1/11 度。

金字塔坐落的岩石地基经过精心测量，处于准确的水平状态。

穿过金字塔的子午线将地球上各大洲与大洋的面积分为平均的两半，误差不大于 7%。

金字塔内的法老墓室，其长、高、宽之比为 5 : 4 : 3，正好符合毕达哥拉斯定理（勾股定理）的公式。这个定理最先是由古希腊数学家毕达哥拉斯证明的，而毕达哥拉斯诞生时，金字塔已建好两千多年了。

这些数字，频繁地、反复地甚至是有意识地出现，我们就不得不想到是出于某种安排，或事出有因了。或者说，金字塔的设计者不仅有着高深的数学造诣，而且似乎事先已完全掌握了有关地球和太阳系的天文基本知识。那么在遥远的石器时代，人类没有发明阿拉伯数字，也不知道"0"的使用，那时，谁能具有这么高深的数学和天文学知识呢？

二、建造之谜

据测算，大金字塔是由270万块巨石堆砌而成的。这些石块每块重2吨~12吨不等，塔身的石块之间没有任何水泥之类的黏着物。经历了4 500年的风风雨雨，其缝隙至今仍严密惊人，一根针或一根头发都难以插入，建筑技术令人大为惊叹。那时人类尚不会使用铁器，真不知道当时的埃及人是怎样加工这些巨型石块的，又是如何如此严密地将它们结合在一起的。

还有，金字塔不是简单的石块堆砌物，它内部有着精心设计、宛如迷宫般的隧道和墓室。建造金字塔的人们是怎样挖掘这些隧道的？现在被称为"大长廊"的隧道位于大金字塔内部深处，全部用大理石砌成，墙壁琢磨光滑、地面铺镶整齐。但无论在这里还是在法老墓室中，都没有留下使用过火炬之类的痕迹，也没有任何被熏黑的顶和墙面。

最难以想象的是金字塔的工作量。据古希腊历史学家希罗多德记载，修建金字塔的工人为12万名，每3个月轮换一次，这样一年就需要48万人。除了工人，还要有大量的工程技术人员、大批的监工以及维护施工治安的军队。而这些人又都要有自己的家属、子女，还有大批的僧侣、祭司、官员和法老家族成员。这样算来，在

金字塔工地的有关人员至少保持在几十万人，最多时可达百万人，这些人不能凭空生存，他们还要吃饭。有人统计了一下，要想维持这些人所需要的粮食和其他生存需求，全国劳动人数须在其20倍上下，再加上家属和子女，全国总人口至少需达到5 000万人。但在公元前3000年时，全世界的总人口也只有2 000万左右，这又如何解释呢？

让我们沿着"吃饭"的问题继续，1980年埃及人口在4 190万左右，粮食总产量440万吨，仅能自给。而古代埃及仅仅在尼罗河三角洲和河流两岸有较肥沃的农田，他们怎样生产养活5 000万人的粮食？这样的结果太令人不可思议了。

金字塔的采石场在施工地点90千米以外，古埃及人是如何把这些石块运来的？由于那时还没有马车，传统的看法认为是用滚木运输的。但滚木需要大树干，而在尼罗河畔生长较多的只有棕榈树。棕榈树干质地松软，不可能承担太重的物体，因此无法充当滚木。如从域外进口木材则需要一个庞大的船队，逆尼罗河而上，木材转运到开罗后用民车运到工地。且不说当时埃及人是否拥有庞大的船队，就是马车也要900年后才出现。

在金字塔是怎样建造的问题上，我们知道的还少得可怜，但是有一点可以肯定：金字塔是用一种我们现在还未知晓的技术建造的。今天没有一位建筑师能够仿造出大金字塔，即使他拥有各大洲所有的技术手段也办不到。

三、功能之谜

长期以来，人们一直认为，金字塔就是法老胡夫的陵墓，其证据是大金字塔的碑文和铭文上刻有胡夫的名字。可是据文献记载，公元810年，阿拉伯人统治埃及期间，年轻的阿拉伯王子阿布杜拉·艾尔马曼为了寻找传说中藏在金字塔内的珍宝，带人来到金字塔前，竟无法找到大门。后来他们打破石壁，从北壁闯了进去，沿通道向上到达传说中的法老墓室。他们曾认为墓室是胡夫法老及其王后安息的地方，但进去之后却发现，那里不但没有宝藏，甚至连法老和王后的遗骸也没有，两处墓室

金字塔内部神秘景观

空空荡荡，四壁光滑，可是墓室封印完整无缺，表示此前还没有盗墓人闯进去。

艾尔马曼的发现使世人深感震惊。以前的论断似乎已经站不住脚了，既然金字塔没有尸骸，就无法证明它是法老陵墓。因此我们现在所说的法老墓室等，都不过是一种约定俗成的叫法，并没有可靠的依据，至于那两间空室究竟是做什么用的，谁也不知道，也无从知道。

由于这一发现，又引起了人们对金字塔功能的新揣测。有人认为金字塔是古代度量标准的记录器，有人说金字塔是古埃及人崇拜太阳神的宗教标志，还有人说大金字塔和其他小金字塔都是古代的天文台。法国一些科学家用X光探测，认为金字塔中的空间可能占总体积的17%，而现在已知的空间仅占总体积的3%。有些人认为，那些尚未发现的空间内可能蕴藏着金字塔巨大的秘密。但人们虽费尽心机，至今仍未有新的结果。1952年，人们在金字塔周围挖出一条雪松木船，有人认为这很可能是载送法老赴来世的太阳船。但即便如此，金字塔究竟是做什么用的这个基本问题却依然困扰着人们。而胡夫法老的遗体究竟埋藏在哪里，现在更是没有人知道。

金字塔这一奇迹般的伟大建筑,现代人都很难完成,古人靠的又是什么智慧和能力呢? 说起来是探究金字塔的三大奇谜,但一旦"解密",说不定在人类进程中会是一个翻天覆地的"变天"。

22 地球生命起源之谜

关于地球生命的起源，有一种假说认为原始生命是在原始地球上产生的。进化论学派生物学家认为35亿年前岩石形成时期的一种单细胞细菌是人类的祖先。但这种"原始"生物的构造也相当复杂，它拥有DNA和RNA两种基因，并由蛋白质、脂类和其他成分组成，这就令人怀疑在这"原始"生物出现以前，是否另有一种构造更简单的生物存在？

人们一直相信，地球上的生命最早是从海里诞生的，也就是说，生命起源于水。然而在20世纪80年代初，西方有些科学家对四十多亿年前地球上最早出现的一批生命（即原始生命）的起源问题，提出了一种新的看法，引起了科学界的关注。这种新看法用一句通俗的话来说，就是"生命是从火里诞生的"。

按照过去地质史学界长期以来的传统说法，在地球形成的初期（距今35亿～36亿年前），由各火山口喷出的炽热的二氧化碳气体，在大气层中筑成了一个类似于温室的气墙，它吸收了太阳的热量，把热量凝聚在地球的表面上，因此，在地球诞生后不久的那些岁月里，由于地球表面的温度高达540 ℃左右，绝对不可能有任何生命的存在。直到地球表面的温度逐渐降低之后，生命才开始孕育生长。可是，有些科学家对上述说法提出了怀疑和挑战。

据1981年8月3日美国《新闻周刊》和1982年美国《读者文摘》第5期发表的文章报道，美国的圣海伦斯火山于1980年爆发

火山爆发可能是地球上产生生命的第一步

时，释放出来的高温和喷发出来的有毒化学物质，杀死了附近苏必利尔湖中几乎所有的生物。但是，令人惊奇的是：美国俄勒冈州大学的科学家们却在该湖中发现了一些微生物，它们非常类似于40多亿年前地球上最早出现的第一批生命原始微生物。该大学著名的微生物学者约翰·贝洛斯说："火山喷发释放出的酷热能够将一些最基本的原始气体变成蛋白质和其他分子。"这是地球上产生生命的第一步。

火山爆发把一些金属和硫倾撒在苏必利尔湖中，使湖内淤积了大量的金属和硫黄，并把火山口里表面覆盖着硫黄的岩石加热到194 ℃，这恰好是一些奇怪的细菌能够繁衍的适当条件。该湖里的微生物用它们多孔的"皮肤"吸收养料，包括铁、锰、氨、硫、碳等。这些微生物是厌氧的，它们根本不靠氧气生存。据一些科学家推测，地球上最早出现的一批生命——微生物，就是厌氧菌，也是不靠氧气生存的。这一推测和20世纪80年代于加拉帕戈斯深海火山口周围发现的水下微生物是一致的。

另一些科学家不赞成生命源自地球本身说。

星体科学家们怀疑生命的起源来自星际空间，理由是在月球表面或火星的火山口，都可以找到不少有机合成物。早在19世纪初，人们已在陨石上找到有机分子，它们是有机合成物诞生的重要因素。这种观点认为：地球生命来源于宇宙，陨石是载着生命种子的星际"飞船"，地球上最初的生命就是由陨石送来的。日本电气通信大学的中川直接大胆地提出一种新设想，生命的基本物质诞生于漂浮在宇宙的尘埃上，掺杂在宇宙尘埃上的氢等受到放射线的照射，发生反应，形成氨基酸等复杂有机物。它们随陨石进入地球，形成生命的母体。

不过，持原始生命产生于地球本身观点的科学家们认为，这些星体上的有机物，迁居地球的机会绝无仅有，因为它们降落地球时产生的高温，足以把整个海洋蒸干，令地球成为不毛之地，任何生物都无法在其中生存。

芬兰研究人员毛利威尔托嫩在给美国天文学会的一份报告中指出，近来的天文观察和实验结果，使得有关的科学家们越来越相信，我们地球人的祖先，很可能是来自火星的"火星人"。

许多科学家认为，如果生命形式真的起源于火星，那么，这种生命形式是很容易到达地球的。因为

火星

火星陨石是由彗星或小行星撞击火星表面造成的。这种撞击足以将火星表面的携带微生物的岩石抛到火星引力之外的地方。他们估计，虽然只有不到1%的这类岩石到达地球，但它们已经足以将生命的种子传到地球上来。证明这一观点成立的关键在于论证火星上是否存在着或存在过生命。而论证火星上是否存在生命，就必然论证火星上是否存在水的问题。

20多年前，从美国"海盗"号飞船登陆火星时起，科学家就得出结论，火星在距今二三十亿年前可能遭遇过特大"洪灾"，但其引发"洪灾"的水源却不得而知。据"火星探路者"发回的观察结果表明，火星南北两极冰盖宽1 200千米，长约30千米，面积比美国

火星上的各种冰

得克萨斯州还要大，但只是地球上格陵兰冰盖的一半，是地球整个南极冰盖的4%。研究人员认为火星两极冰盖中的水能够填满火星上的一个古代海洋。但有些科学家的观点与此相反，他们认为火星冰盖中水分有限，火星表面上纵横交错的沟渠不太可能是水流冲刷所致。火星北极地区有一个很深的盆地，据推测是由小行星撞击形成的，冰盖就位于该盆地中。但2000年年初，英国科学家对火星"洪灾"又给出了新的解释，他们认为洪水很可能由火星地表下的火山运动所引起。他们建立数学模型并进行模拟分析，得出结论认为：炽热的火山岩浆能融化火星地下的冰冻层，产生大量的水资源，从而引发火星地表洪水泛滥，洪水最终在火星地表深处重新冻结，另一部分可能重新渗入地下。

水是生命之源，有水的地方，便有可能存在生命。人们渴望寻找到火星上的生命，1996年8月，美国国家航空航天局（NASA）的科学家对一块名叫"阿兰山84001"的火星陨石进行了分析，它是从南极冰盖中发现的。他们认为这是火星与小行星发生碰撞时产生的碎片，在太空中游荡数百万年后，于几年前落到地球上，并认为这块陨石是由古代火星细菌形成的。岩石中的氯是由微生物或其他生命沉积而成的，但是美国加利福尼亚大学的化学教授对此提出新的质疑，认为陨石中的氯元素与大气中的氯元素的化学特征相同，而与水中的氯元素不同。不过，从火星上有水的证明已充分说明了火星上生命存在的可能性了。

科学家们也指出，还存在有另一种可能性，这就是生命起源于地球，然后传播到火星。可是出现这种可能性的机会不大，因为地球陨石是很难击中离太阳系中心较远的一颗较小的小星球的。

据英国《新科学家》2000年7月刊载的文章称，在英国皇家气象学会千年会议上，美国的科学家提出了一项新假说，即地球高层大气中的微小水滴具备形成复杂有机大分子的条件，生命也可能诞生于这些水滴之中。这一观点虽然与火星生命说、陨石说不同，但却有力地支持了地球生命来源于地外的学术观点，解决了有机物在降落地球时被高温所毁的理论缺陷。

长期以来，人们一直认为海洋孕育了所有的原始生命。然而美国科学家却认为不尽然，他们大胆假设部分地球生命乃"横空出世"。

美国专家对大气中悬浮的微小水滴进行研究后发现，其中近一半杂质是有机物。这些有机物是随水一起从海洋中蒸发起来的，它们在水滴周围形成一层有机物薄膜。这些尺寸仅有几微米的水滴在同温层中可停留一年之久，在此期间它们会彼此融合，并与其他悬浮微粒相结合，使水滴中的杂质越来越多、越来越杂。

随着水的蒸发，水滴中的有机物浓度越来越高。在强烈阳光的照耀下，这些有机物可能发生化学反应，使简单的有机分子结合成复杂分子。原初的DNA（脱氧核糖核酸）和蛋白质也许就是这样形成的。此外，当水滴因彼此融合而变大，最终落回海洋之中时，海水中的有机物可能在它周围形成了另一层薄膜，与原来的薄膜共同构成一个双分子膜，其结构与生物细胞膜类似。科学家说，这或许可以成为细胞膜起源的新解释。

自然界"芸芸众生",各自以不同的姿态生存繁衍,可生命的起点到底在哪里?科学家们已是千辛万苦,可最终的结论仍是让人难以捉摸。这一探究还需要多少的心血呢?

23 地球上的 "死地"

1984年8月16日的清晨，一位叫福勃赫·吉恩的年轻牧师和其他几个人正驾驶着一辆卡车经过喀麦隆共和国境内的莫努湖。这时，他们看见路边有个人正坐在摩托车上，仿佛睡着了一样。

当吉恩走近摩托车时，他发现那个人已经死了。而吉恩转身朝汽车走去时，也觉得自己的身子发了软。吉恩和他的同伴闻到了一种像汽车电池液一样的奇怪气味。同伴很快倒下了，而吉恩却设法逃到了附近的村子里。

到早上10点半，当局得知已有37人在这条路上丧失了生命，很明显这些人都是那股神秘的化学气体的牺牲者。这股化学云状物体包围了有200米长的一段路面。虽然还没有进行尸体解剖，但对尸体进行检查的巴斯医生断定这些人都死于窒息，他们的皮肤都有化学灼伤的痕迹。

使这些人丧失生命的云状物体是从莫努湖中自然产生的。附近的村民报告说，在前一天晚上他们听到了轰隆轰隆的爆炸声。当局注意到湖里的水呈棕红色，这表明平静的湖水已经翻动了。

是什么引起了这股云雾？火山学家西格德森认为在最深的水中，通过保持碳酸氢盐的浓度使湖水中的化学成分达到平衡，微妙的化学平衡使莫努湖发生了强烈的分层。而某种东西扰乱了这种分层，使深水中丰富的碳酸盐朝着水面上升。这种压力的突然变化，释放出大量二氧化碳，就像打开苏打水瓶盖一样，这一爆发形成了

5米高的波浪，使岸边的植物都倒下了。这股合成的云状物也就是密度很大的二氧化碳气体，这股气体被风带到了路上，并一直停留在离地面很近的地方。西格德森说，很明显，在黎明前的这段时间里，由于天黑村民看不见这一云状物，同时，这股云雾中含有硝酸，这就使人们天亮时能看见它，也能解释死者皮肤上的灼伤现象。但即使这样，西格德森还是说："灼伤仍然完全是个谜。"

据调查者说，这一事件是非常奇特的——指它具有致命的作用。技术人员曾考虑过利用这种分层作为能源的一种来源，但后来放弃了这一想法，因为他们害怕由此而引起巨大的气体爆炸。而现在引起极大关注的是，这种情况可能在喀麦隆其他具有火山口的湖中再次自然地发生，因为这些湖都可能像莫努湖一样存在着分层。

中国云南腾冲县的迪石乡，有一个"扯雀泉"，此泉是个土塘子，面积不大，泉水充盈，表面看来一切正常，但它却有股毒性，不但能扯下天上飞禽，还能扯死两三千克重的大鸭子。鸟儿一旦飞临泉塘上空，就掉地死亡，走兽误饮泉水，便一命呜呼。有人前去观奇猎异，好久不见鸟儿飞过，便向农家采买鸭子做试验，只见鸭子哀叫几声，挣扎着漂浮两三分钟，就不再动弹了。

在距北美洲北半部加拿大东部的哈利法克斯约百千米汹涌澎湃的北大西洋上，有一座令船员们心惊胆战的孤零零小岛，名叫塞布

塞布尔岛

尔岛。此岛位于从欧洲通往美国和加拿大的重要航线附近。历史上有很多船舶在此岛附近的海域遇难，近几年来，船只沉没的事件又频频发生。从一些国家绘制的海图上可以看出，此岛的四周，尤其在岛的东西两端密布着

各种沉船符号，估计先后遇难的船舶不下500艘，其中有古代的帆船，也有近代的轮船，丧生者总计在5 000人以上。因此，一些船员怀着恐惧的心情称它"死神岛"。为了解释船舶沉没的原因，不少学者提出了种种假设和论断。例如，有的认为，由于"死神岛"附近海域常常掀起威力无比的巨浪，能够击沉猝不及防的船舶；有的认为，"死神岛"的磁场远异于其邻近海面，且变幻无常，这样就会使航行于"死神岛"附近海域的船舶上的导航罗盘等仪器失灵。

20世纪初，因纽特人亚科逊父子前往帕尔斯奇湖西北部的一个叫巴罗莫角的小岛上捕捉北极熊。小亚科逊抢先向小岛跑去，父亲见儿子跑了，紧紧跟在后面也向岛上跑去。哪知小亚科逊刚一上岛便大声叫喊，叫父亲不要上岛。亚科逊感到很纳闷，不知道发生了什么事情，但他从儿子的语气中听到了恐惧和危险。

他以为岛上有凶猛的野兽或者有土著居民，所以不敢贸然上岛。他等了许久，仍不见儿子出来，便跑回去搬救兵，一会儿就找来了6个身强力壮的中青年人，只有一个叫巴罗莫的没有上岛，其余人全部上岛去寻找小亚科逊了，只是上岛找人的全找得没了影，就此消失了。

几十年过去了，在1934年7月的一天，有几个手拿枪支的法裔加拿大人，立志要勇闯夺命岛，他们又一次登上巴罗莫角，准备探寻个究竟。他们在因纽特人的注视下上了岛，随之听到几声惨叫，这几个法裔加拿大人像变戏法一样被蒸发掉了。

1972年，美国职业拳击家特雷霍特、探险家诺克斯维尔以及默里迪恩拉夫妇共4人前往巴罗莫角，诺克斯维尔坚信，没有他不敢去的地方，没有解不开的谜。于是在这年4月4日，他们来到了"死亡角"的陆地边缘地带，并且在此驻扎了10天，目的是观察岛上的动静。直到4月14日，他们开始小心地向"死亡角"进发，以免遭

受不必要的威胁。一路上他们小心翼翼，走了不久，就看见了路上的一架白骨。默里迪恩拉夫人后来回忆说：

"诺克斯维尔叫了一声：'这里有白骨。'我一听，就站住了，不由自主地向后退了两步，我看见他蹲下去观察白骨。而走在最前面的特雷霍特转身想返回看个究竟，却莫名其妙地站着不动了，并且惊慌地叫道：'诺克斯维尔拉我一把。'而诺克斯维尔也大叫起来：'你们快离开这里，我站不起来了，好像这地方有个磁场。'"

默里迪恩拉说："那里就像科幻片中的黑洞一样，将特雷霍特紧紧地吸住了，无法挣脱，甚至丝毫也不能动弹。后来我就看见特雷霍特已经变了一个人，他的面部肌肉在萎缩，他张开嘴，却发不出任何声音，后来我才发现他的面部肌肉不是在萎缩，而是在消失。不到10分钟，他就仅剩下一张皮蒙着的骷髅了，那情景真是毛骨悚然。没多久，他的皮肤也随之消失了。奇怪的是，在他的脸上骨骼上没有看见红色的东西，就像被传说中的吸血鬼吸尽了他的血肉一样，然而他还是站立着的。诺克斯维尔也遭受了同样的命运。我觉得这是一种移动的引力，也许会消失，也许会延伸，因此，我拉着妻子逃了出来。"1980年4月，美国著名的探险家组织——詹姆斯·亚森探险队前往巴罗莫角，在这16人中，有地质学家、地球物理学家、生物学专家，他们对磁场进行了鉴定，还对附近的地质结构进行了考察，但没有在巴罗莫角找到地磁证明。

科学家认为，巴罗莫角与世界上其他几个死亡谷极为相似。在这个长225千米，宽6.26千米的地带，生活着各种野生动植物，而一旦人进入，就必死无疑。

　　海有"死海",是让人在水中"浮"起来;地有"死地",却是让人神奇死去。大自然有太多的"诡秘"诱我们去探究。不过,这种探究可不能盲目,而应有充分的"科学准备"。

24 宇宙中的不明力量

1687年，牛顿提出了"万有引力"的理论，1916年，爱因斯坦发表了他的广义相对论。根据这些研究成果，科学家们能够很好地解释许多天文现象，并且能计算出太阳系中行星运行的轨道。但是随着时间的推移，天文学家们经过观测和实验又发现了许多有趣的现象，这些现象用牛顿和爱因斯坦的理论都无法解释，于是有人怀疑，牛顿和爱因斯坦的理论还存在着一些缺陷。

"有误差"的水星轨道

19世纪中叶，法国天文学家勒威耶在用望远镜观察水星的运行时，发现用牛顿的理论计算出来的轨道和实际观察到的水星运行轨道之间并不完全一致。按照牛顿的理论，在太阳和其他行星的共同作用下，水星运行的轨道会发生一些转动，这种转动每一百年的进度大约为531秒。但是观察到的实际进度却比这个理论数据快了43秒。也就是说实际观察到的数据比牛顿理论计算出来的数据快了大约8%。

月球的神秘运动

20世纪70年代，美国的宇航员和苏联的探月着陆器都在月球上安装了激光反射镜，天文学家使用这些激光反射镜来跟踪月球的位置，这样观测到的数据精确度大大提高，其误差能控制到大约1厘米左右。经过了38年的观测，美国科学家发现，月球围绕地球运转的轨道越来越"不圆"了，月球运行时靠近地球的那个点和离地球最远的那个点，以每年6毫米的速度增长。有人认为这是因为地球和月球的潮汐力的影响导致的，科学家们将潮汐的影响力计算进去后，还是发现月球轨道存在着一些无法解释的变化。

地球在远离太阳？

天文单位是一个长度的单位，约等于地球跟太阳的平均距离。1天文单位约等于1.496亿千米。2004年，美国航空航天局喷气推进实验室的工作人员发现，作为天文单位的太阳系的距离尺度似乎在变大。

由于行星距离地球太远，所以科学家们使用了雷达测距的技术。雷达测距的精确度在1米~10米之间。在火星上有三个和飞机上所用的无线电应答器十分相似的应答装置，他们分别被装在"海盗1号"着陆器、"海盗2号"着陆器和"火星探路者"探测器上。位于美国加州、澳大利亚和西班牙的深空探测网可以测量着陆器和地球之间的距离，1976~1997年积累下来许多宝贵的数据，科学家们分析了204 000个观测结果。他们发现，天文单位正在以每一百年15米的速度增长。最新的观测结果将这个数据修正为7米。不管是15米还是7米，科学家们都没有找到合理的解释。

"先驱者号"的异常

"先驱者10号"太空探测器于1972年3月2日发射，是人类向太阳系以外送去的第一个人造物体。1973年12月4日，它飞过木星，现在它已经越过了太阳系中所有的大行星，正以每年2.5个天文单位的速度像太阳系外进发。"先驱者11号"太空探测器在1973年4月6日发射，1974年12月2日飞临木星，1979年9月1日到达土星，现在正以每年2.4个天文单位的速度飞向外太空。20世纪90年代，在分析两个探测器的资料时，研究者发现用牛顿和爱因斯坦的理论计算的结果与实际结果相比存在很大的误差。1998年的"先驱者10号"比理论计算的距离近了58 000千米，而根据"先驱者11号"四

年的跟踪数据来看，它的距离也要近了大约6 000千米。这就好像有某种力量将这两个探测器拉住，使得它们在以恒定的速率减速。

地球附近也有古怪

1990年12月，伽利略探测器飞掠地球时，科学家们发现其飞行速度有异常。当时伽利略探测器距离地球大约200千米，速度是每秒钟8 891米，按照理论推测它离开地球，到达相同的距离时，应该具有相同的速度，然而，测量发现它的运动速度比预想的要快，它超速了每秒钟4毫米，尽管这个数据很小，但是，它却是由实实在在的观测所得。1998年"舒梅克"近地小行星探测器也飞掠地球，科学家们井然有序地做着各种观测工作，结果发现这个探测器与伽利略探测器一样，也存在加速的现象，而且加速的幅度大约是伽利略探测器的3倍，达到了每秒钟13.5毫米。这一结果着实把科学家们难住了，是什么东西为探测器注入了能量并且让它们加速呢？科学家们还在2005年3月的"罗塞塔"彗星探测器上观测到了类似的现象，这次它的反常速度是每秒钟2毫米。

宇宙中的不明力量

这些异常现象给我们带来许多新的思考。天文学家正试图把不同探测器的速度变化联系起来，研究其中的规律。但是到目前为止还没有人能给出一个有说服力的解释。但是很多科学家已经认同这样的观点：在星系外围，物质的运动与牛顿的理论不吻合。而在星系中心以及太阳系以内，牛顿和爱因斯坦的理论依然适用。

如果有一天，我们终于能够发现造成探测器速度异常，月球轨道变化以及太阳引力变化的原因。也许，那将是人类科学史上的又一次飞跃。

> 生活在地球上的人类，常常只能从地球的角度来研究宇宙，只能在地球引力场的环境中研究宇宙，这难免会带来一些局限。随着科技的进步，如果我们能够有更多的条件接触太空世界的话，也许我们会发现：许多目前认为是正确的科学，其实也是存在局限的。

25 风起云涌的"云计算"

近年来，"云计算"这三个字常常出现在报纸、电视、网络等各种媒体上。初看起来，"云"这个词是一个气象学上的概念，而"计算"这个词是一个数学领域的概念，两者合并在一起，似乎有些不伦不类。那么应该如何理解"云计算"的内涵呢？

什么是"云计算"

有人这样描述云计算："云计算是一种商业计算模型。它将计算任务分布在大量计算机构成的资源池上，使各种应用系统能够根据需要获取计算力、存储空间和信息服务。"

这个话看起来很难懂。其实，我们可以这样理解云计算。

"云"在这里不是气象学上所说的云，而是一个比喻，是散布在互联网上的各种资源的统称；"计算"这一概念的意义也已经远远超出了数学领域里的定义，我们可以把这个词理解为对信息的各种"处理"动作。所谓云计算是一种将互联网众多计算机和海量的信息资源充分利用，使它们为"用户"工作的强大的信息处理方式，采用这种处理方式，我们可以在家中、办公室中远程"使用"连接到互联网内的那些组成"云"的种种计算机设备、软件资源和信息资源。

在传统的电脑使用中，每台电脑都要购买和安装大量的软硬件，而在云计算模式中，手机、个人电脑等都被称作用户终端，这些用户终端被简化成一个单纯的输入信息和输出信息的设备。我们只要在手机上或者在个人电脑上向"云"发送指令，就可以"租用"到所需要的软件、获取各种信息，甚至获得"云"中强大的信息处理服务。

你的个人电脑或手机的功能一般都是比较单一的，处理信息的能力也很有限，但是一旦这些设备和"云"联系在一起，就可以获得网络上其他大型计算机的支持，处理信息时，不再在我们面前的电脑或手机上进行，而是在网络中的大型计算机上进行，用户终端的功能就被大大地拓展了。

互联网的下一个金矿

云计算被许多企业家称为"互联网的下一个金矿"，正在孕育着企业管理变革、信息革命的全新契机，其中蕴含的财富不可估量。根据市场研究机构弗雷斯特研究公司的数据，全球云计算市场的产值在2011年已达到407亿美元。云计算产业规模初现，掘金之门渐开。

按照最乐观估计，国际数据公司推算：未来3年全球云计算领域将有8 000亿美元的新业务收入。当云计算以空前的应用前景席卷而来时，各大IT企业已经展开一场硝烟滚滚的争夺战，以实现自己在云计算市场中未来的霸主地位，Google、亚马逊、微软、IBM、思科、惠普、苹果等这些信息产业领域声望如雷贯耳的企业早已经排兵布阵，以期望在新一轮的竞争中获得更多的回报。

在云计算的舞台上，西方IT大鳄已经呼风唤雨，而中国的云计算才初见端倪。除国外巨头加快在中国的云计算布局和节奏，政府推动也是云计算在中国快速发展的重要力量。云计算已经被列入"十二五"规划的新型战略性产业，北京、上海等5个城市被列入开展云计算服务创新试点的城市，全国多地都已经制定了云计划发展规划。但是，从总体来看，中国云计算的发展仍处于起步阶段，无论是技术成熟度、商业模式成熟度，还是基础设施建设和市场应用方面，都需要进一步完善。

云计算带来的新概念

随着云计算技术的不断发展，一些新的概念也逐渐浮出水面：

云安全，是一个从"云计算"演变而来的新名词。云安全通过网状的大量客户对网络中各种信息流，各种处理行为进行监测，获取互联网中病毒、恶意程序的最新信息，然后将这些信息传送到某一个专门的大型计算机进行自动分析和处理，再把病毒和恶意程序的解决方案分发到每一个客户端。采用这种安全模式具有一个显著的优势：使用者越多，每个使用者就越安全，因为如此庞大的用户群，足以覆盖互联网的每个角落，只要某个网站被病毒或者恶意程序袭击，就会立刻被截获，然后立即得到处理，以最快的速度形成解决方案，从而最大限度地保证了网络的安全。

云存储，是将网络中大量各种不同类型的存储设备集合起来协同工作，共同对外提供数据存储和业务访问功能的一个系统。这句话听起来很拗口，其实我们可以这样理解：在某一个使用者看来，一部电影存储在某一个网站，只要打开这个网站就能观赏这部电影，但实际上这部电影的不同片断很可能已经被存储到不同的计算机里，甚至这些计算机相隔万里。云存储系统将这些片断进行管理，当某一个用户需要看这部电影时，云存储系统立即调用各地资源，进行组合，然后呈现在需要的用户面前。

此外，云技术要求大量用户参与，也不可避免地出现了隐私问题。许多用户担心自己的机密信息会被别人窃取。加入云计划时很多厂商都承诺尽量避免收集到用户隐私，即使收集到也不会泄露或使用。但不少人还是怀疑厂商的承诺，他们的怀疑也不是没有道理的。不少知名厂商都被指责有可能泄露用户隐私，并且泄露事件也确实时有发生。

当今社会，互联网、移动通讯、数字电视等各种新的信息处理和信息传播方式在不断更新，信息技术飞速发展，给我们的生活带来了巨大的变革。想一想，"云计算"技术的出现，会给我们的生活带来哪些新的变化，你能收集到更多关于"云计算"的新动态吗？

26 北斗卫星导航能否替代GPS

GPS是全球定位系统的英文缩写，是20世纪70年代由美国陆海空三军联合研制的新一代空间卫星导航定位系统。它可以为陆、海、空三大领域提供实时、全天候和全球性的导航服务，并用于情报收集、核爆监测和应急通讯等一些军事目的。目前全世界应用最为广泛也最为成熟的卫星导航定位系统就是GPS。

随着北斗卫星导航系统的完善，我国将摆脱GPS网络的控制。在不远的将来，北斗卫星导航系统（简称"北斗"）的终端设备将会像GPS一样，可以出现在我们的私家车上，或者被直接安装在我们的手机上。

北斗将与GPS兼容

现在在日常生活中，GPS已经成了很多人离不开的导航系统，如果没有了车载的GPS，在北京、上海、广州等这些特大型城市，很多开车的人将会找不到要去的地方。在未来，北斗卫星导航系统也将进入到很多普通人的生活中。但是很多人的担忧是：用了北斗卫星导航系统，是不是GPS就不能用了？

目前的迹象显示，未来并不会出现这样的情况。北斗卫星导航系统新闻发言人、中国卫星导航系统管理办公室主任冉承其在新闻发布会上表示，国内相关的企业已开始从事北斗和GPS兼容终端的研发。在未来，使用GPS终端的用户可以单独使用北斗，也可以同时使用北斗和GPS。

"多一个北斗肯定会有更多的帮助，会对系统的精度、可用性带来更好的改善"，冉承其说。另外在GPS系统出现问题或者因特殊的原因被实施服务关停以后，北斗就可以马上替代其发挥作用。

北斗一次可传送120字的讯息

自2003年开始提供服务以来，北斗卫星导航系统已经在军事、交通运输、海洋渔业、水文监测、气象测报、救灾减灾等领域得到广泛应用。

北京国智恒公司是北斗卫星民用服务的重要分理商，该公司执行总裁杜光耀在接受记者采访时表示，他们公司已经在使用该系统为石油、通信、物流等行业提供服务。

中国地质环境监测院地质灾害调查监测室主任周平根博士告诉记者，目前在地质灾害调查方面，北斗系统已经发挥了很大的作用。近几年，他们在西藏等地进行地质灾害的调查，除了使用GPS系统以外，北斗系统也成为他们使用的重要系统。

"GPS系统只有定位功能，而北斗系统与GPS相比，它的最大优势就是还有通信功能，一次可传送多达120个汉字的讯息。在没有电信地面基站的地方，通过它就可以发短信。在遇到地震、台风、森林火灾等严重自然灾害时，如果通信基站被毁，只要带有北斗系统的地面接收设备，同样可以实现发短信的功能，这将为抢险救灾发挥至关重要的作用。"周平根说。在2008年汶川大地震后，北斗系统就发挥了重要作用。

据了解，北斗卫星导航系统建成后，将为民航、航运、铁路、金融、邮政等行业提供更高性能的定位、导航、授时等服务。

北斗让我国摆脱GPS网络的控制

北京邮电大学信息与通信工程学院副教授郝建军告诉记者，北斗系统对我国通信行业意义重大，尤其是在授时功能方面。

"平时，我们和他人约定见面时间都是根据自己的手表、手机等

来确定，但由于核对时间的基点不同，约定的时间就会出现差异。而在通信行业，移动通信基站工作的切换、漫游服务等都需要精确的时间控制，如果出现大的差异，信息传输就会出现网络瘫痪等一些大的麻烦，为了保证时间的精确性和一致性，就需要采用信息发出和接收双方共同认定的基准时间，而卫星导航定位的授时功能能做到这点。"郝建军说。

但目前，我国的 CDMA 以及 TD-SCDMA 通信基站在工作的切换、漫游等方面都是依赖 GPS 的授时功能进行精确的时间控制，而这种状况也给我国的信息安全埋下了很大的安全隐患。

从 1973 年诞生之日起，GPS 就与美国军方的关系密不可分。截至目前，GPS 系统仍是美国政府的国家资产，由国防部负责管理。如果美国出于自身利益对他国限制 GPS 信号强度和精度，或者彻底关闭 GPS 服务的权利，就会给该国的信息安全带来极大的威胁。据了解，我国的 CDMA（码分多址）网络，就曾经因为美国 GPS 未授时出现过瘫痪事件。

而在军事方面，一些与现代化军事装备有关的信息处理，如果过度依赖 GPS 系统，一旦 GPS 系统无法使用，就会在军事上陷入极大的被动。

"但是通信行业中使用了北斗系统，就可以避免这种事情的发生，另外由于北斗系统能够和 GPS 兼容，就是电信行业中依旧使用 GPS，北斗系统也会成为至关重要的补充。"郝建军说。

今年我国还要发射 6 颗组网卫星

截至 2011 年底，中国开发的北斗卫星导航系统已经发射了 10 颗卫星。按照北斗系统组网发射计划，在 2012 年我国还要发射 6 颗组网卫星，进一步扩大系统服务区域，提高服务性能，形成覆盖亚太大部分地区的服务能力。

而到2020年左右，北斗卫星导航系统将形成全球覆盖能力，届时，北斗系统的卫星数量也将达到35颗，其中包括5颗静止轨道卫星和30颗非静止轨道卫星。

　　我国的北斗卫星导航系统也是世界上第三个投入运行的卫星导航系统。在此之前，美国的全球定位系统（GPS，包括24颗卫星）和俄罗斯的格洛纳斯卫星导航系统（GLONASS，包括24颗卫星，计划在2015年以前增至30颗）早在20世纪90年代就已经建成并投入运行。与此同时，现在欧盟也在打造自己的卫星导航系统——"伽利略"计划（计划共发射30颗卫星）。

　　目前，中国已经向全球作出承诺，将会像GPS等定位系统一样，对全球用户免费提供导航定位等一些服务。

　　有了全球卫星定位系统后，我们几乎不用担心迷路了。北斗卫星导航系统具有我国自主的知识产权，随着这项技术的成熟，它必将成为人们普遍使用的新的导航系统。人们甚至可以利用它来开发许多更加具有安全性、保密性的产品和服务。

27 月亮的众多谜团

皎洁的月亮，曾经引起古人无穷的遐想与神往。古人留下的许多美丽的神话和诗篇，更为它添上了神奇的色彩。如今，虽然人类已经登上了月球，取得了那里的岩石和土壤，但它在人类的心中依然是神秘莫测的。月亮与地球、人类之间，仍有许多不解之谜，

生命与月亮

万物生长靠太阳，这是众所周知的真理。我们处处可以感受到太阳对生物的影响，生命依赖太阳而生存。然而，近来有些科学家经过研究认为，月亮对地球的影响远远大于太阳，孕育地球生命的力量也来自月球而不仅仅是太阳。

美国太空总署的科学家谢鲁·皮尔逊博士指出："在地球和月球形成的初期，月球对地球有着极大的影响。"当月球接近地球时，月球的引潮力曾使地球表面的海洋出现强烈的潮汐起伏。这种起伏所引起的巨大摩擦力，使地球气温剧增，导致地心熔化。地心的岩浆在高温及高牵引力作用下出现旋转式的滚动，结果产生了磁场。这个"超巨"的磁场对地球形成了一个"保护盾"，减少了来自太空辐射的侵袭。地球上生物得以生存滋长，全靠这个磁场"保护盾"的庇护。试想，如果没有这个"保护盾"，来自太空的辐射就会把地球上最初的生命幼苗全部杀死。

一些科学家还认为，地球磁场这个保护层不仅能庇护万物，而且正悄悄地促进着植物的生长。一家种子公司的科学家最近做了强

磁场对植物生长影响的试验。他们将豆类的种子放在有强磁场作用的环境里发芽、生长，其结果是种子发芽速度加快，收获期提前，产量也明显增加。

有一位学者对玉米和豌豆进行了9年的研究。他发现，月圆前两天栽培的玉米比月圆后两天栽培的长得更大；新月时分栽培的豌豆比平常凋谢得快。有的实验还证明了在月光照射下的作物比未经月光照射的作物生长快，而且长得好。

科学家还认为，月亮不仅影响植物的生长发育，还会影响动物的生育行为，但到底月亮是怎样起作用的？对我们来说还是个未解之谜。

地震与月亮

人们很早就知道，月亮对地球的引力会造成地球上海洋的潮起潮落。大海有规律地起伏着，就像在进行一呼一吸的生命运动。然而人们并不清楚在海水涨落起伏之时，陆地也会受月亮的影响，做着相应的起伏运动。

1933年，美国海军观察站的测量员发现智利首都圣地亚哥和美国首都华盛顿之间的距离与7年前测定的数据相差了15米。这在讲究分毫不差的大地测量学上是一个巨大的数字。后来研究者才发现，是月球把40万千米下面的"固体"地球拉了起来，就像是拉起海洋一样拉起了地面，形成了潮汐似的地面隆起。引力测量仪记录了地球表面的起伏达60厘米，月亮拉动地面就像拉手风琴一样。这无疑对已经积累了巨大压力的地壳中某个部位的震动起到导火索的作用，诱发那里的地震。

我国自1966年以来，在河北平原发生了4次6级以上的大地震，全部发生在初一或十五的前后，并且与附近的塘沽港海潮高潮的时刻相接近。

科学家对燕山地区每年4月到8月的地震进行研究，结果表明，在月亮形状处于朔、望、上弦、下弦前后的日子，比其他日期发生余震的概率要高一些。研究者认为，这个地区地震活动是受到太阳、月亮的引力影响而诱发的。

月亮是怎样诱发地震的？这也是一个有待研究的科学之谜。

同学们都知道嫦娥的故事吧，关于月亮的诸多谜团也许可以问问嫦娥，她住在上面这么多年，一定最清楚！

28 神奇的条形码

我们去超市购买了一大堆物品到收银台结账时，收银员只要把商品的某个"位置"在扫描仪前轻轻掠过，计算机立刻就能显示该商品的名称、单价、数量等信息，从而方便我们准确快捷地结账。计算机是怎样识别品种繁多的商品的呢？那是因为每一件商品都有独一无二的"身份证"——条形码。

一、条形码的诞生

条形码最早出现在20世纪40年代，最早的条形码图案很像微型射箭靶，叫做"公牛眼"代码。在原理上，"公牛眼"代码与后来的条形码很相近，遗憾的是当时的工艺还没有能力印制出这种码。20世纪60年代后期美国人发明了一个系统，被北美铁路系统采纳。这可以说是条形码技术的最早应用。但是条形码得到实际应用和发展还是在20世纪70年代左右。1970年美国超级市场 Ad Hoc（非常设）委员会制定出通用商品代码UPC码，1973年美国统一编码协会（简称UCC）建立了UPC条形码系统，实现了该码制标准化。1976年在美国和加拿大超级市场上，UPC码的成功应用给人们以很大的鼓舞，尤其是欧洲人对此产生了极大兴趣。次年，欧洲共同体在UPC-A码基础上制定出欧洲物品编码EAN-13和EAN-8码，签署了"欧洲物品编码"协议备忘录，并正式成立了欧洲物品编码协会（简称EAN）。到了1981年，由于EAN已经发展成为一个国际性组织，故改名为"国际物品编码协会"（简称IAN），但由于历史原因和习惯，至今仍称为EAN。从20世纪80年代初开始，人们围绕提高条

形码符号的信息密度，开展了多项研究。随着条形码技术的发展，条形码码制种类不断增加，因而标准化问题显得尤为突出。为此人们先后制定了军用标准1189、交叉25码、39码和库德巴（Codebar）码ANSI标准MH 10.8 M等等。同时一些行业也开始建立行业标准，以适应发展需要。此后，戴维·阿利尔又研制出49码，这是一种非传统的条形码符号，它比以往的条形码符号具有更高的密度。接着特德·威廉斯（Ted Williams）推出16K码，这是一种适用于激光系统的码制。到目前为止，共有40多种条形码码制，相应的自动识别设备和印刷技术也得到了长足的发展。到20世纪80年代中期，我国一些高等院校、科研部门及一些出口企业，把条形码技术的研究和推广应用逐步提到议事日程。出版行业、邮电部门、物资管理部门和外贸部门也开始使用条形码技术。

现在世界上的各个国家和地区都已经普遍使用条形码技术，而且它正在快速地向世界各地推广，其应用领域越来越广泛，并逐步渗透到许多技术领域。

二、常见条形码

目前，国际广泛使用的条码种类有EAN码、UPC码（商品条码，用于在世界范围内标识唯一一种商品，我们在超市中最常见的就是这两种条码），Code39码（可表示数字和字母，在管理领域应用最广），ITF25码（在物流管理中应用较多），Codebar码（多用于医疗、图书领域），Code93码，Code128码等。其中，EAN码是当今世界上广泛使用的商品条码，已成为电子数据交换（EDI）的基础；UPC码主要为美国和加拿大使用；在各类条码应用系统中，Code39码因其可采用数字与字母共同组成的方式而在

各种条码

各行业内部管理上被广泛使用；在血库、图书馆和照相馆的业务中，Codebar码也被广泛使用。下面以EAN／UPC码（见上页）为例进行说明。

UPC码的使用成功促成了欧洲编码系统（EAN）的产生。到1981年，EAN已发展成为一个国际性的组织，且EAN码与UPC码兼容。

EAN码有两种版本：标准版和缩短版。标准版表示13位数字，又称为EAN-13码（上图左上），缩短版表示8位数字，又称EAN-8（上图右上）。两种条码的最后一位为校验位，由前面的12位或7位数字计算得出。

EAN码由前缀码、厂商识别码、商品项目代码和校验码组成。前缀码是国际EAN组织标识各会员组织的代码，我国为690、691和692；厂商代码是EAN编码组织在EAN分配的前缀码的基础上分配给厂商的代码；商品项目代码由厂商自行编码；校验码主要用以检验该组数字的正确性。在编制商品项目代码时，厂商必须遵守商品编码的基本原则：对同一商品项目的商品必须编制相同的商品项目代码；对不同的商品项目必须编制不同的商品项目代码；保证商品项目与其标识代码一一对应，即一个商品项目只有一个代码，一个代码只标识一个商品项目。如听装健力宝饮料的条码为6901010101098，其中690代表我国在EAN组织的代码，1010代表广东健力宝公司，10109是听装饮料的商品代码。这样的编码方式就保证了无论在何时何地，6901010101098就唯一对应该种商品。

另外，图书和期刊作为特殊的商品也采用了EAN-13表示ISBN（国际标准书号）和ISSN（国际标准刊号）。前缀977被用于期刊号ISSN，图书号ISBN用978为前缀。我国被分配使用7开头的ISBN号，因此我国出版社出版的图书上的条码全部以9787开头。

除以上列举的一维条码外，二维条码也已经在迅速发展，并在许多领域得到了应用。如PDF417二维条码、QR Code二维空间条码。

条形码是迄今为止最经济、实用的一种自动识别技术。条形码技术具有输入速度快、灵活实用、采集信息量大、可靠性高等方面的优点。

二维条码

在经济全球化、信息网络化、生活国际化、文化国土化的资讯社会到来之时，起源于20世纪40年代、研究于20世纪60年代、应用于20世纪70年代、普及于20世纪80年代的条码与条码技术及各种应用系统，引起了世界流通领域里的重大变革。条码作为一种可印制的计算机语言，未来学家称之为"计算机文化"。20世纪90年代的国际流通领域将条码誉为商品进入国际计算机市场的"身份证"，使全世界对它刮目相看。印刷在商品外包装上的条码，像一条条经济信息纽带将世界各地的生产制造商、出口商、批发商、零售商和顾客有机地联系在一起。这一条条纽带，一经与EDI（电子数据交换）系统相连，便形成多项、多元的信息网，各种商品的相关信息犹如投入了一个无形的永不停息的自动导向传送机构，流向世界各地，活跃在世界商品流通领域。

　　条形码是商品的"身份证",熟悉它并了解它,可以使我们更好地在商品世界里遨游。

后 记
Postscript

　　本书在编辑过程中，参阅了不少当代著述与期刊，撷取了很多珍贵的精神食粮，为读者打开了一片晴空，作者那充满智慧的文字定会在与读者的心灵碰撞中迸发闪光。

　　由于各种原因，未能及时与本书有些作品的作者、编者取得联系。本着对书稿质量的追求，又不忍将美文割爱，故冒昧地将文章选录书中。鉴于此，还请作者诸君谅解为盼，并请作者及时与编者联系，支取为您留备的稿酬。谢谢！

编　者